“助力乡村振兴，引领质量兴农”系列丛书

蛋与蛋制品质量追溯

实用技术手册

中国农垦经济发展中心　组编

秦福增　韩学军　主编

中国农业出版社
农村设备出版社
北　京

图书在版编目（CIP）数据

蛋与蛋制品质量追溯实用技术手册 / 中国农垦经济发展中心组编；秦福增，韩学军主编. -- 北京：中国农业出版社，2024. 7. --（“助力乡村振兴，引领质量兴农”系列丛书）. -- ISBN 978-7-109-32178-6

Ⅰ. TS253.4-62

中国国家版本馆 CIP 数据核字第 2024EE5593 号

蛋与蛋制品质量追溯实用技术手册

DAN YU DANZHIPIN ZHILIANG ZHUISU SHIYONG JISHU SHOUCE

中国农业出版社出版

地址：北京市朝阳区麦子店街 18 号楼

邮编：100125

责任编辑：胡烨芳　刘　伟

版式设计：王　晨　　责任校对：吴丽婷

印刷：中农印务有限公司

版次：2024 年 7 月第 1 版

印次：2024 年 7 月北京第 1 次印刷

发行：新华书店北京发行所

开本：700mm×1000mm　1/16

印张：7.5

字数：135 千字

定价：50.00 元

丛书编委会名单

本书编写人员名单

主　　编：秦福增　韩学军

副 主 编：张宗城　张颖璐　张建光　陈　杨

编写人员（按姓氏笔画排序）：

王艺越　刘　阳　杨瑞太　张　韧

张　坤　张若凡

前言

中共十九大作出中国特色社会主义进入新时代的科学论断，我国社会主要矛盾已经转化为人民日益增长的美好生活需要和不平衡不充分的发展之间的矛盾，我国经济已由高速增长阶段转向高质量发展阶段。以习近平同志为核心的党中央深刻把握新时代我国经济社会发展的历史性变化，明确提出实施乡村振兴战略，深化农业供给侧结构性改革，走质量兴农之路。只有坚持质量第一、效益优先，推进农业由增产导向转向提质导向，才能不断适应高质量发展的要求，提高农业综合效益和竞争力，实现我国由农业大国向农业强国转变。

21世纪初，我国开始了对农产品质量安全追溯方式的探索和研究。近十年来，在国家的大力支持和各级部门的推动下，农产品质量安全追溯制度建设取得显著成效，成为近年来保障我国农产品质量安全的一种有效的监管手段。产业发展，标准先行。标准是产业高质量发展的助推器，是产业创新发展的孵化器。《农产品质量安全追溯操作规程》系列标准的发布实施，构建了一套从生产、加工到流通全过程质量安全信息的跟踪管理模式，探索出一条“生产有记录、流向可追踪、信息可查询、质量可追溯”的现代农业发展之路。为推动农业生产经营主体标准化生产，促进农业提质增效和农民增收，加快生产方式转变发挥了积极作用。

“助力乡村振兴，引领质量兴农”系列丛书是对《农产品质量安全追溯操作规程》系列标准的进一步梳理和解读，是贯彻落实乡村振兴战略、切实发挥农垦在质量兴农中的带动引领作用的基本举措，也是贯彻落实农业农村部质量兴农、绿色兴农和品牌强农要求的重要抓手。本系列丛书由中国农垦经济发展中心和中国农业出版社联合推出，对谷物、畜肉、水果、茶叶、蔬菜、小麦粉及面条、水产品、蛋与蛋制品、食用菌等大宗农产品相关农业生产经营主体农产品质量追溯系统建立，以及追溯信息采集及管理等进行全面解读，并辅以追溯相关基础知识和实际操作技术，必将对宣贯农产品质量安全追溯标准、促进农业生产经营主体标准化生产、提高我国农产品质量安全水平发挥积极的推动作用。

本书秉持严谨的科学态度，在遵循《中华人民共和国农产品质量安全法》《中华人民共和国食品安全法》等国家法律法规以及现有相关国家标准的基础上，立足保安全、提质量的要求，着力推动农产品质量安全追溯工作向前发展。本书共分为两章：第一章为农产品质量安全追溯概述，主要介绍了农产品质量安全追溯的定义，国内外农产品质量安全追溯发展情况，以及农产品质量安全追溯的实施原则、实施要求等；第二章为NY/T 3817—2020《农产品质量安全追溯操作规程　蛋与蛋制品》的解读，并在内容解读的基础上提供了一些实际操作指导和实例分析，以期对蛋与蛋制品生产经营主体的生产和管理具有指导意义。

限于编者的学识水平，加之时间匆忙，书中不足之处在所难免，恳请各位同行和读者在使用过程中予以指正并提出宝贵意见和建议。

编　者

2024 年 6 月

目 录

第一章

农产品质量安全追溯概述

随着工业化以及现代物流业的发展，越来越多的农产品是通过漫长而复杂的供应链到达消费者手中。由于农产品的生产、加工和流通往往涉及位于不同地点和拥有不同技术的生产经营主体，消费者通常很难了解农产品生产、加工和流通的全过程。在农产品对人们健康所造成风险逐渐增加的趋势下，消费者已经逐渐觉醒，希望能够通过一定途径了解农产品生产、加工与流通的全过程，希望加强问题农产品的回收和原因查询等风险管理措施。如何满足消费者最关切的产品品质、安全卫生和营养健康等需求，建立和提升消费者对农产品质量安全的信任，对于政府、生产经营主体和社会来说，都显示出日益重要的意义。自 20 世纪 80 年代末以来，全球农产品相关产业和许多国家的政府越来越重视沿着供应链进行追溯的可能性。建立农产品质量安全追溯制度、实现农产品的可追溯性，现在已经成为研究制定农产品质量安全政策的关键因素之一。

第一节　农产品质量安全追溯简介

一、农产品质量安全追溯的定义

从 20 世纪 80 年代末发展至今，农产品质量安全追溯制度在规范生产经营主体生产过程、保障农产品质量安全等方面的作用越来越明显。虽然农产品质量安全追溯制度得到了世界各国的认可与肯定，但至今尚未形成统一的概念。为提高消费者对农产品质量安全追溯的认识，进一步促进农产品质量安全追溯发展，需对农产品质量安全追溯这一术语进行界定。

“可追溯性”是农产品质量安全追溯的基础性要求，在对农产品质量安全追溯进行定义之前，应先厘清“可追溯性”这一基础概念。目前，“可追溯性”定义主要有欧盟、国际食品法典委员会（CAC）和日本农林水产省的定义。

欧盟将“可追溯性”定义为“食品、饲料、畜产品和饲料原料，在生产、加工、流通的所有阶段具有的跟踪追寻其痕迹的能力”。CAC 将“可追溯性”定义为“能够追溯食品在生产、加工和流通过程中任何指定阶段的能力”。日本农林水产省的《食品追踪系统指导手册》将“可追溯性”定义为“能够追踪食品由生产、处理、加工、流通及贩售的整个过程的相关信息”。

根据我国《新华字典》解释，追溯的含义是“逆流而上，向江河发源处走，比喻探索事物的由来”。顾名思义，农产品质量安全追溯就是对农产品质量安全信息的回溯。本书编者在修订 NY/T 1761—2009《农产品质量安全追溯操作规程 通则》过程中，结合当前我国农产品质量安全追溯工作特点，以及欧盟、CAC、日本农林水产省等对“可追溯性”的定义，将农产品质量安全追溯定义为“运用传统纸质记录或现代信息技术手段对农产品生产、加工、流通过程中的质量安全信息进行跟踪管理，对问题农产品回溯责任，界定范围”。

二、国外农产品质量安全追溯的发展

农产品质量安全追溯是欧盟为应对肆虐十年之久的疯牛病建立起来的一种农产品可追溯制度。随着经济的发展和人们生活水平的提高，人民群众对于安全农产品的呼声越来越高、诉求越来越强烈，且购买安全农产品的意愿越来越强。在全球化和市场化的背景下，农产品生产经营分工越来越细，从“农田到餐桌”的链条越来越长，建立追溯制度、保障食品安全不仅是政府的责任、从业者的义务，更是一种产业发展的趋势与要求。从国外农产品质量安全追溯建设情况来看，追溯体系建设主要通过法规法令制定、标准制定和系统开发应用 3 个层面进行推进。

（一）国外法规法令制定情况

欧盟、日本、美国等国家和地区通过制定相应法规法令明确规定了生产经营主体在追溯制度建设方面应尽的义务和责任。

1. 欧盟法规法令制定情况

欧盟为应对疯牛病问题，于 1997 年开始逐步建立农产品可追踪制度。按照欧盟有关食品法规的规定，食品、饲料、供食品制造用的家禽，以及与食品、饲料制造相关的物品，其在生产、加工、流通的各个阶段必须确立这种可追踪系统。该系统对各个阶段的主题作了规定，以保证可以确认以上的各种提供物的来源与方向。可追踪系统能够从生产到销售的各个环节追踪检查产品。2000 年，欧盟颁布的《食品安全白皮书》首次把“从田间到餐桌”的全过程管理纳入食品安全体系，明确所有相关生产经营者

的责任，并引入危害分析与关键控制点（HACCP）体系，要求农产品生产、加工和销售等所有环节应具有可追溯性。2002年，欧盟颁布的有关食品法规则进一步升级，不仅要求明确相关生产经营者的责任，还规定农产品生产经营主体生产、加工和流通全过程的原辅料及质量相关材料应具有可追溯性，以保证农产品质量安全。同时，该法规规定自2005年1月1日起，在欧盟范围内流通的全部肉类食品均应具有可追溯性，否则不允许进入欧盟市场流通。该法规的实施对农产品生产、流通过程中各关键环节的信息加以有效管理，并通过对这种信息的监控管理来实现预警和追溯，预防和减少问题的出现，一旦出现问题即可迅速追溯至源头。

2. 日本法规法令制定情况

日本紧随欧盟的步伐，于2001年开始实行并推广追溯系统。2003年5月，日本颁布了《食品安全基本法》。该法作为日本确保食品安全的基本法律，树立了全程确保食品安全的理念，提出了综合推进确保食品安全的政策、制定食品供应链各阶段的适当措施、预防食品对国民健康造成不良影响等指导食品安全管理的新方针。在《食品安全基本法》的众议院内阁委员会的附带决议中，提出了根据食品生产、流通的实际情况，从技术、经济角度开展调查研究，推进能够追溯食品生产、流通过程的可追溯制度。2003年6月，日本出台了《关于牛的个体识别信息传递的特别措施法》（又称《牛肉可追溯法》），要求对日本国内饲养的牛安装耳标，使牛的个体识别号码能够在生产、流通、零售各个阶段正确传递，以此保证牛肉的安全和信息透明。2009年，日本又颁布了《关于米谷等交易信息的记录及产地信息传递的法律》（又称《大米可追溯法》），对大米及其加工品实施可追溯制度。

3. 美国法规法令制定情况

2001年“9·11”事件后，美国将农产品质量安全的重视程度上升至国家层面。当年发布的《公共健康安全与生物恐怖应对法》要求输送进入美国境内的生鲜农产品必须具有详尽的生产、加工全过程信息，且必须能在4 h内进行溯源。2004年5月，美国食品和药物管理局（FDA）公布《食品安全跟踪条例》，以制度的形式要求本国所有食品企业和在美国从事食品生产、包装、运输及进口的外国企业建立并保存食品生产、流通的全过程记录，以便实现对其生产食品的安全性进行跟踪与追溯。2009年，为进一步加强质量安全管理，美国国会通过了《食品安全加强法案》，要求一旦农产品、食品出现质量问题，从业者需要在两个工作日内提供完整的原料谱系，对可追溯管理提出了更加明确的要求。

（二）国外技术标准制定情况

在颁布法规法令强制推行农产品质量安全追溯制度的同时，为有效指导追溯体系建设，一些国家政府、国际组织先后制定了多项农产品追溯规范（指南），在实践中发挥了积极作用。

2003 年 4 月 25 日，日本农林水产省发布了《食品可追溯制度指南》，该指南成为指导各企业建立食品可追溯制度的主要参考。2010 年，日本农林水产省对《食品可追溯制度指南》进行修订，采用 CAC 的定义，即“可追溯”被定义为“通过登记的识别码，对商品或行为的历史和使用或位置予以追溯的能力”，进一步明确追溯制度原则性要求。美国、法国、英国、加拿大等国政府参照国际标准，结合本国实际情况，制定了相应的技术规范或指南。

国际食品法典委员会（CAC）、国际物品编码协会（GS1）、国际标准化组织（ISO）等有关国际机构利用专业优势、资源优势，积极参与农产品追溯体系技术规范制定，为推动全球农产品质量安全追溯管理发挥了重要作用。CAC 权威解释了可追溯性的基本概念和基本要求；GS1 利用掌控全球贸易项目编码的优势，先后制定了《全球追溯标准》《生鲜产品追溯指南》《牛肉追溯指南》等多项操作指南，其追溯理念、编码规则被欧盟、日本、澳大利亚等多个国家和地区参照使用；2007 年，ISO 制定了 ISO 22005《饲料和食品链的可追溯性　体系设计与实施的通用原则和基本要求》，提出了食品/饲料供应链追溯系统设计的通用原则和基本需求，通过管理体系认证落实到从业者具体活动中。

（三）国外追溯系统开发应用情况

随着信息化的发展，追溯体系必须依靠信息技术承担追溯信息的记录、传递、标识。从欧盟、美国、日本追溯体系具体建设看，农产品追溯系统的开发建设采用政府参与和企业自建相结合的模式推进追溯系统应用。法国在牛肉追溯体系建设中，政府负责分配动物个体编码、发放身份证、建立全国肉牛数据库，使法国政府能够精准掌握全国肉牛总量、品种、分布，时间差仅为 1 周；而肉牛的生产履历由农场主、屠宰厂、流通商按照统一要求自行记录。日本在牛肉制品追溯体系建设中，政府明确动物个体身份编码规则；农林水产省各个下级机构安排专人负责登记；国会拨付资金给相关协会、研究机构，承担全国性信息网络建设、牛肉甄别样品邮寄储存；饲养户、屠宰企业、专卖店自行承担追溯系统建设中信息采集、标签标识等方面的系统建设和标签标识的成本支出，政府不予以补贴。

三、我国农产品质量安全追溯的发展

为提高我国农产品市场竞争力，扩大农产品贸易顺差，满足消费者对农产品质量的要求，我国于 2001 年开始实施“无公害食品行动计划”。该计划要求“通过健全体系，完善制度，对农产品质量安全实施全过程的监管，有效改善和提高我国农产品质量安全水平”。从一定意义上来说，“无公害食品行动计划”的实施拉开了我国农产品质量安全追溯研究的序幕。经过多年的探索与发展，已基本建立了符合我国生产实际的追溯体系以及保障实施的法律法规、规章及标准，为我国农产品发展方向由增产向提质转变夯实基础。

（一）我国法律法规制定情况

2006 年，中央 1 号文件首次提出要建立和完善动物标识及疫病可追溯体系，建立农产品质量可追溯制度；其后，每年中央 1 号文件均反复强调要建立完善农产品质量追溯制度。2006 年 11 月 1 日，《中华人民共和国农产品质量安全法》（以下简称《农产品质量安全法》）正式颁布施行。在农业生产档案记录方面，该法第二十四条明确规定：“农产品生产企业和农民专业合作经济组织应当建立农产品生产记录，如实记载下列事项：（一）使用农业投入品的名称、来源、用法、用量和使用、停用的日期；（二）动物疫病、植物病虫草害的发生和防治情况；（三）收获、屠宰或者捕捞的日期。农产品生产记录应当保存两年。禁止伪造农产品生产记录。国家鼓励其他农产品生产者建立农产品生产记录。”在农产品包装标识方面，该法第二十八条明确要求：“农产品生产企业、农民专业合作经济组织以及从事农产品收购的单位或者个人销售的农产品，按照规定应当包装或者附加标识的，须经包装或者附加标识后方可销售。包装物或者标识上应当按照规定标明产品的品名、产地、生产者、生产日期、保质期、产品质量等级等内容；使用添加剂的，还应当按照规定标明添加剂的名称。”2009 年 6 月 1 日，《中华人民共和国食品安全法》（以下简称《食品安全法》）正式施行。该法明确国家建立食品召回制度。食品生产企业应当建立食品原料、食品添加剂、食品相关产品进货查验记录制度和食品出厂检验记录制度，食品经营企业应当建立食品进货查验记录制度，如实记录食品的名称、规格、数量、生产批号、保质期、供货者名称及联系方式、进货日期等内容。2021 年 4 月 29 日修订的《食品安全法》明确规定：“食品生产经营者应当依照本法的规定，建立食品安全追溯体系，保证食品可追溯。”我国农产品质量安全追溯上升至国家法律层面。

（二）我国相关部门文件及标准制定情况

1. 我国相关部门文件制定情况

为配合农产品质量安全追溯相关法律法规的实施，加快推进追溯系统建设，规范追溯系统运行，我国各有关政府部门制定了农产品监管及质量安全追溯相关的文件。

2001 年 7 月，上海市政府颁布了《上海市食用农产品安全监管暂行办法》，提出了在流通环节建立“市场档案可溯源制”。2002 年，农业部发布第 13 号令《动物免疫标识管理办法》，明确规定对猪、牛、羊必须佩带免疫耳标并建立免疫档案管理制度。2003 年，国家质量监督检验检疫总局启动“中国条码推进工程”，并结合我国实际，相继出版了《牛肉产品跟踪与追溯指南》《水果、蔬菜跟踪与追溯指南》，国内部分蔬菜、牛肉产品开始拥有“身份证”。2004 年 5 月，国家质量监督检验检疫总局出台《出境水产品追溯规程（试行）》，要求出口水产品及其原料需按照规定标识。2011 年，商务部发布《关于“十二五”期间加快肉类蔬菜流通追溯体系建设的指导意见》（商秩发〔2011〕376 号），要求健全肉类蔬菜流通追溯技术标准，加快建设完善的肉类蔬菜流通追溯体系。2012 年，农业部发布《关于进一步加强农产品质量安全监管工作的意见》（农质发〔2012〕3 号），提出“加快制定农产品质量安全可追溯相关规范，统一农产品产地质量安全合格证明和追溯模式，探索开展农产品质量安全产地追溯管理试点”。为进一步加快建设重要产品信息化追溯体系，2017 年，商务部联合工业和信息化部、农业部等 7 部门联合发布《关于推进重要产品信息化追溯体系建设的指导意见》（商秩发〔2017〕53 号），要求以信息化追溯和互通共享为方向，加强统筹规划，健全标准体系，建设覆盖全国、统一开放、先进适用的重要产品追溯体系。2018 年，为落实《国务院办公厅关于加快推进重要产品追溯系统建设的意见》（国办发〔2015〕95 号），农业农村部和商务部分别印发了《农业农村部关于全面推广应用国家农产品质量安全追溯管理信息平台的通知》（农质发〔2018〕9 号）和《重要产品追溯管理平台建设指南（试行）》，旨在促进各追溯平台间互通互联，避免生产经营主体重复建设追溯平台。

2. 我国标准制定情况

为规范追溯信息采集内容，指导生产经营主体建立完善的追溯体系，保障追溯体系有效实施和管理，各行政管理部门以及相关企（事）业单位制定了系列标准。从标准内容来看，主要涉及体系管理、操作规程（规范、指南）等方面。

（1）体系管理类标准　2006年参照ISO 22000：2005，我国制定了GB/T 22000—2006《食品安全管理体系　食品链中各类组织的要求》。2009年参照ISO 22005：2007，我国制定了GB/T 22005—2009《饲料和食品链的可追溯性　体系设计与实施的通用原则和基本要求》，追溯标准初步与国际接轨。2010年，我国制定了GB/Z 25008—2010《饲料和食品链的可追溯性　体系设计与实施指南》。此外，以GB/T 22005—2009和GB/Z 25008—2010为基础，国家质量监督检验检疫总局制定并发布了部分产品的追溯要求，如GB/T 29373—2012《农产品追溯要求　果蔬》、GB/T 29568—2013《农产品追溯要求　水产品》、GB/T 33915—2017《农产品追溯要求　茶叶》。

（2）操作规程（规范、指南）类标准　2009年，农业部发布了NY/T 1761—2009《农产品质量安全追溯操作规程 通则》，并制定了谷物、水果、茶叶、畜肉、蔬菜、小麦粉及面条、水产品、蛋与蛋制品、乳与乳制品和食用菌10项农产品质量安全操作规程的农业行业标准。此外，农业部还制定了养殖水产品可追溯标签、编码、信息采集等水产行业标准。商务部制定了肉类蔬菜追溯城市管理平台技术、批发自助交易终端、手持读写终端规范，以及瓶装酒追溯与防伪查询服务、读写器技术、标签要求等国内贸易规范。中国科技产业化促进会发布了畜类和禽类产品追溯体系应用指南团体标准。

（3）其他标准　例如，为促进各追溯系统间数据互联共享，农业农村部制定了NY/T 2531—2013《农产品质量追溯信息交换接口规范》；为规范农产品追溯编码、促进国际贸易，农业部制定了NY/T 1431—2007《农产品追溯编码导则》等。

（三）我国农产品质量安全追溯系统开发应用情况

2008年之前，我国农产品质量安全追溯系统还基本处于空白状态，可追溯管理要求主要通过完善生产档案记录来实现。2008年之后，随着各级政府部门的大力推动，追溯管理理念逐步得到从业者认可，开发设计了形式多样、各具特点的追溯系统，追溯制度建设呈现出快速发展趋势。我国政府牵头组织运行的追溯平台包括中国产品质量电子监管网、国家重点食品物联网追溯系统、国家食品安全追溯平台、商务部肉菜流通及中药材追溯系统、农产品质量追溯系统、农垦农产品质量安全追溯系统、工信部食品工业企业质量安全追溯平台等，支持网站、短信、电话、二维码、商超内部电子机器等多种形式查询。

我国的食品质量安全追溯试点工作从2000年开始实践，其中肉类、蔬菜农产品的质量安全最先成为试点追溯对象。财政部、商务部于 2010 年确定了上海等 10 个城市为第一批试点城市，2011 年确定了第二批 10 个试点城市。上海于 2001 年率先提出了建立在食品流通环节“市场档案可溯源制”的食品质量安全追溯体系，并于 2013 年底最终建成，是我国落实和推行追溯制度较早的城市之一。北京市于 2003 年开始着力构建现代化保障体系，涵盖 45 类食品之多，设定质量安全目标并实施专项整治；2008 年，以保障奥运食品药品安全为契机进行进一步强化；2017 年，提出“技术创新计划”。青岛市作为首批试点城市之一，创新性推出“一六三”追溯体系，统一信息追溯平台，实施远程监控和质量检验等措施保障食品质量，并分不同流通领域进行管理。此外，江苏省、四川省、福建省、湖南省等相继推出当地追溯体系。

四、实施农产品质量安全追溯的意义

实施农产品质量安全追溯，对于农产品质量监测、认证体系建设、贸易促进等方面具有积极的推动作用，具体表现在以下 5 个方面：

（一）有利于提高企业竞争力，保护生产经营主体的合法权益和积极性

在市场经济的框架下，部分企业为追求不正当利益，食品掺杂使假情况层出不穷；许多企业用心生产的合格产品被其他商家仿冒，企业每年花费在品牌形象维权上的成本占比很大，不仅造成了企业资源的浪费，还极大挫伤了企业研发优质产品的积极性。通过建立农产品质量安全追溯系统，使得农产品从生产到销售全过程透明面对社会，使得制假造假的商家无从下手，保障了生产经营主体的合法权益。

（二）有利于农产品质量问题原因的查找，降低生产经营主体损失

追溯体系可以起到对农产品安全“确责”与“召回”的作用。根据追溯信息，明确农产品安全责任的归属，确定负责人；明确不合格产品的批次，实现快速、准确召回。当农产品发生质量问题时，根据农产品生产、加工过程中原料来源、生产环境（包括水、土、大气）、生产过程（包括农事活动、加工工艺及其条件），以及包装、储存和运输等信息记录，从发现问题端向产业链源头回溯，逐一分析及排查，直至查明原因，有利于减少农业生产经营主体的经济损失。

（三）有利于认证体系的建设和实施，提高企业质量管理水平

目前，我国认证体系主要有企业认证和产品认证两类。其中，企业认

证主要是规范生产过程，包括ISO系列的ISO 9000、ISO 14000等，危害分析与关键控制点（HACCP）、良好生产规范（GMP）和良好农业规范（GAP）等；产品认证不仅对生产过程进行规范，还对产品标准具有一定要求，包括有机食品、绿色食品和地理标志产品等。农产品质量安全追溯体系是对生产环境、生产、加工和流通全过程质量安全信息的跟踪和管理，这些内容也正是企业认证和产品认证的基础条件，从而保障了生产经营主体认证体系的建设和实施。

（四）保障消费者（采购商）知情权，提升消费者的信心

农产品质量安全追溯信息覆盖整个产业链，所有质量信息均可通过一定渠道或媒介向消费者或采购商提供，满足了消费者（采购商）的知情权，提高了消费者（采购商）的购买信心和意愿。

（五）有利于提升农产品质量安全水平，增强竞争力

在农产品质量安全事件频发的今天，各国对于农产品质量的要求越来越高，对于农产品的准入也越来越严格。目前，欧盟、美国和日本均对进口农产品的可追溯性作出了一定要求。对于我国一个农产品生产大国来说，实施农产品质量安全追溯势在必行。使农产品生产各环节的重要信息可传递、可查询、可追责，且强化各环节责任主体对于农产品质量安全的责任意识，确保生产制造的农产品质量达标，切实提高中国农产品在国际市场的竞争力。

第二节　农产品质量安全追溯操作规程

在解读NY/T 3817—2020《农产品质量安全追溯操作规程　蛋与蛋制品》前，应首先明确何谓标准及其中的一个类型——操作规程。

一、标　　准

（一）标准的定义

标准是规范农业生产的重要依据，农业生产标准化已成为我国农业发展的重要目标之一。为保障农产品质量安全，我国不断加强法治建设，涉及农业生产的法律法规主要有《中华人民共和国食品安全法》《中华人民共和国农产品质量安全法》《农药管理条例》《兽药管理条例》等。

标准属于技术文件范畴，对法律、法规起到支撑作用。标准的定义是

“为在一定范围内获得最佳秩序，经协商一致制定并由公认机构批准，共同使用的和重复使用的一种规范性文件”。对以上定义应有充分认识，才能正确解读标准，现分别解释如下：

1. “为在一定范围内获得最佳秩序”

“为在一定范围内获得最佳秩序”是标准制修订的目的。“最佳秩序”是各行各业进行有序活动，获得最佳效果的必要条件。因此，标准化生产是农业生产的必然趋势。依据辩证唯物主义观点，“最佳秩序”是目标，是有时间性的。某个时期制定的标准达到那个时期的最佳秩序，但以后发生客观情况的变化或主观认知程度的提高，已制定的标准不能达到最佳秩序时，就应对该标准进行修订，以便达到最佳秩序。因此，在人类生产历史中，最佳秩序的内涵不断丰富，人类通过修订标准逐渐逼近最佳秩序。例如，NY/T 3817—2020《农产品质量安全追溯操作规程　蛋与蛋制品》发布于2020年，该标准可规范蛋与蛋制品生产的质量安全追溯达到当时认知水平下的最佳秩序，并在发布后的若干年内，客观情况变化或主观认知水平上尚未认识到需要修改该标准。但随着社会的发展以及技术的更新，当标准中的某些内容不适用时，就需对该标准进行修订，以达到新形势下的最佳秩序。

2. “经协商一致制定”

“经协商一致制定”是标准制修订程序之一，是针对标准制修订单位的要求。标准和生产分别属于上层建筑和经济基础范畴，标准依据生产，又服务于生产。因此，制修订的标准既不可比当时生产水平低，拖生产后腿；又不可远超过当时生产水平，高不可及。标准制修订单位需要与生产部门、管理部门、科研院所和大专院校广泛交流，标准各项内容应协商一致，以便确保标准的先进性和可操作性，使标准的实施对生产起到应有的促进作用。

3. “由公认机构批准”

“由公认机构批准”是标准制修订程序之一。公认机构是指标准化管理机构，如中国国家标准化管理委员会。就我国而言，政府主导制定的国家标准、行业标准、地方标准，均须经过国家标准化管理委员会批准、备案后方可实施。就国际上而言，这种公认机构除政府部门外，还有联合国下属机构，如国际标准化组织（ISO）、联合国食品法典委员会（CAC）等；或者国际行业协会，如国际乳品联合会（IDF）等。只有公认机构批准发布的标准才是有效的。

4. “共同使用的和重复使用的”

标准的使用者是标准适用范围内的合法单位。例如，所有我国合法经

营的蛋与蛋制品生产企业均可使用 NY/T 3817—2020《农产品质量安全追溯操作规程 蛋与蛋制品》。该标准也适用于所有我国合法经营蛋与蛋制品的其他生产经营主体，如合作社等。该标准还可供蛋与蛋制品生产经营主体共同使用，且在修订或作废之前是被重复使用的。除蛋与蛋制品生产经营主体外，协助、督导、监管蛋与蛋制品生产经营主体质量安全追溯工作的单位，如农业农村部和各地方管理部门、有关质量安全追溯监管机构也可应用该标准，帮助蛋与蛋制品生产经营主体更好实施该标准。

5. “规范性文件”

“规范性文件”表明标准是用以详述法律和法规内容，具有法规性质，但它不是法规，而是属于技术文件范畴，是要求强制执行或推荐执行的规范性文件。

（二）标准的性质

就标准性质而言，标准分为强制性标准和推荐性标准，表示形式分别为标准代号中不带“/T”和带“/T”。例如，《农产品质量安全追溯操作规程 蛋与蛋制品》是推荐性标准，其标准代号为 NY/T 3817—2020。推荐性标准是非强制执行的标准，但当没有其他标准可执行时，就必须按该标准执行。

（三）标准的分级

我国标准分为国家标准、行业标准、地方标准、团体标准和企业标准，由其名称可知其适用范围。级别最高的是国家标准，最低的是企业标准。同一标准若发布了国家标准，则比其级别低的其他标准自行作废。国家鼓励具有法人资格，且具备相应专业技术能力、标准化工作能力和组织管理能力的学会、协会、商会、联合会和产业技术联盟等社会团体制团体标准；鼓励企业制定企业标准，但其内容要求应严于国家标准，且在企业内部执行。

（四）标准的分类

从标准的应用角度，可将标准分为以下 6 种主要类型：

1. 限量标准

规定某类或某种物质在产品中限量使用的规范性文件，如 GB 2760—2014《食品安全国家标准 食品添加剂使用标准》。

2. 产品标准

规定某类或某种产品的属性、要求以及确认的规则和方法的规范性文件，如 GB 2749—2015《食品安全国家标准 蛋与蛋制品》。

3. 方法标准

规定某种检验的原理、步骤和结果要求的规范性文件，如 GB 4789.2—2016《食品安全国家标准 食品微生物学检验 菌落总数测定》。

4. 指南

规定某主题的一般性、原则性、方向性的信息、指导或建议的规范性文件，如 GB/T 14257—2009《商品条码 条码符号放置指南》。

5. 规范

规定产品、过程或服务需要满足的要求的规范性文件，如 GB 21710—2016《食品安全国家标准 蛋与蛋制品生产卫生规范》。

6. 规程

规定为设备、构件或产品的设计、制造、安装、维护或使用而推荐惯例或程序的规范性文件，如 NY/T 3817—2020《农产品质量安全追溯操作规程 蛋与蛋制品》。

二、操作规程

操作规程是标准中最普遍的一种，它规定了操作的程序。例如，NY/T 3817—2020《农产品质量安全追溯操作规程 蛋与蛋制品》规定蛋与蛋制品生产经营主体实施质量安全追溯的程序以及实施这些程序的方法，其以章的形式叙述以下 11 个方面内容。

（一）范围

范围包括两层含义：一是该标准包含的内容范围，即术语和定义、要求、追溯码编码、追溯精度、信息采集、信息管理、追溯标识、体系运行自查和质量安全问题处置；二是该标准规定的适用范围，即栋舍内饲养家禽蛋与蛋制品的质量安全追溯操作和管理，不适用于散养、放养等养殖方式生产的蛋与蛋制品的质量安全追溯操作和管理。

（二）规范性引用文件

列出的被引用文件经过标准条文的引用后，成为标准应用时必不可少的文件。文件清单中不注明日期的标准表示其最新版本（包括所有的修改单）适用于本标准。在 NY/T 3817—2020《农产品质量安全追溯操作规程 蛋与蛋制品》中引用了 NY/T 1761《农产品质量安全追溯操作规程 通则》和 GB 2749《食品安全国家标准 蛋与蛋制品》，没有发布年号的含义是引用现行有效的最新版本标准。

（三）术语和定义

所用术语和定义与 NY/T 1761《农产品质量安全追溯操作规程 通则》和 GB 2749《食品安全国家标准 蛋与蛋制品》相同。因此，不必在本标准中重复列出，只需引用该两个标准的术语和定义即可。另外，引用 NY/T 1431《农产品产地编码规则》中 3 条术语和定义。

（四）要求

在规定蛋与蛋制品生产经营主体实施质量安全追溯程序以及实施方法之前，应先明确实施的必备条件，只有具备条件后才能实施操作规程。这些条件主要包括追溯目标、机构或人员、设备和软件、管理制度等内容。

（五）追溯码编码

编码方法是实施操作规程的具体程序和方法之一，此部分内容叙述整个产业链各个环节的编码方法。不同蛋与蛋制品生产经营主体产业链不同，编码方法也不尽相同。例如，鲜蛋生产经营主体需从蛋鸡饲养的饲料环节开始编码，而蛋制品生产经营主体则需包括鲜蛋进料及加工、生产环节的编码。

（六）追溯精度

追溯精度是界定最小农产品质量安全责任的单位，追溯精度的确定关系产品质量安全的影响范围。此部分内容叙述整个产业链中在养殖、加工环节如何确定追溯精度。不同蛋与蛋制品生产经营主体具有不同的产业链，追溯精度也不尽相同。

（七）信息采集

信息采集是实施操作规程的具体程序和方法之一，此部分内容叙述整个产业链中各个环节的信息采集要求和内容。

（八）信息管理

信息管理是实施操作规程的具体程序和方法之一，此部分内容叙述信息采集后的审核和录入、传输、查询。

（九）追溯标识

追溯标识是实施操作规程后，在产品上体现追溯的表示方法。

（十）体系运行自查

体系运行自查是实施操作规程后，自行检查所用程序和方法是否达到预期效果；若须完善，则应采取改进措施。

（十一）质量安全问题处置

质量安全问题处置是实施操作规程后，一旦发生质量安全问题，应采取的处置方法，作为对实施操作规程的具体程序和方法的补充。

整个操作规程的内容除（一）范围外，（二）、（三）、（四）是必要条件，（五）、（六）、（七）、（八）是实施的程序和方法，（九）、（十）、（十一）是实施后的体现和检查处理。由此组成一个完整的操作规程。

第三节　农产品质量安全追溯实施原则

农产品质量安全追溯的实施原则是指导农产品质量安全追溯操作规程制修订的前提，也是保证农产品质量安全追溯规范、顺利进行的根本。这些原则体现在该标准的制修订和执行之中。

一、合法性原则

进入21世纪以来，随农产品外部市场竞争的加剧以及内部市场需求的增长，我国对农产品质量安全的重视程度上升到了一个新的高度，已经从法律、法规等层面作出相应要求。《中华人民共和国食品安全法》《中华人民共和国农产品质量安全法》《国务院办公厅关于加快推进重要产品追溯体系建设的意见》《农业农村部关于加快推进农产品质量安全追溯体系建设的意见》《农业农村部关于全面推广应用国家农产品质量安全追溯管理信息平台的通知》《关于农产品质量安全追溯与农业农村重大创建认定、农产品优质品牌推选、农产品认证、农业展会等工作挂钩的意见》等法律、法规以及相关部门文件都提出建立农产品质量安全追溯制度的要求。

农产品质量安全追溯的实施过程还应依据以下相关标准：

（一）条码编制

编制条码应依据GB/T 12905—2019《条码术语》、GB/T 7027—2002《信息分类和编码的基本原则与方法》、GB 12904—2008《商品条码　零售商品编码与条码表示》、GB/T 16986—2018《商品条码　应用标识符》等标准。具体到农产品，编制条码时还应依据NY/T 1431—2007《农产

品追溯编码导则》和 NY/T 1430—2007《农产品产地编码规则》等标准。

（二）二维码编制

编制二维码应依据 GB/T 33993—2017《商品二维码》。

二、完整性原则

该原则主要是追溯信息的完整性要求，体现在以下 2 个方面。

（一）过程完整性

追溯信息应覆盖蛋与蛋制品生产、加工、流通全过程。追溯产品为鲜蛋时，追溯信息应包括饲料、饲养、卫生、防疫、兽医和兽药。追溯产品为外购鲜蛋的蛋制品加工企业生产的蛋制品时，应包括鲜蛋收购、加工、储存、销售。追溯产品为具蛋鸡饲养的蛋制品加工企业生产的蛋制品时，应包括以上两类产品的所有信息。

（二）信息完整性

信息内容应包括所有涉及质量安全、责任主体、可追溯性 3 个方面的信息。

1. 各环节涉及的质量安全信息

追溯信息应覆盖生产、加工、流通全过程，同时还应与当前国家标准或行业标准相适应。

（1）*饲料环节*　应依据国务院令第 609 号《饲料和饲料添加剂管理条例》使用饲料和饲料添加剂。自产饲料原料应有影响农药残留的生产记录信息。同时，自产饲料原料的农药使用记录应依据《农药管理条例》和 GB/T 8321《农药合理使用准则》的规定执行，包括农药名称、剂型、稀释倍数、使用方式、使用量和安全间隔期等。外购饲料或饲料添加剂应有产品检验报告。

（2）*养殖环节*　应说明饲养方式是否是自繁自养、全进全出。不同饲养方式有不同的质量安全影响因素，记录内容也不同。多数饲养场采取自繁自养、全进全出方式，记录内容应包括饲料名称、饲料配方和饮水等。

（3）*卫生防疫环节*　信息应包括消毒剂名称、稀释倍数、使用方式、使用量、疫苗名称、使用方式、使用量等。

（4）*兽医兽药环节*　信息应包括疾病诊断、兽药名称、使用方式、使用量、休药期、不良反应、病死蛋鸡处理方式等。

（5）*加工环节*　信息应包括鲜蛋收购检验、清洗、食品添加剂、杀菌、均质、包装、储存、运输和销售等。

2. 涉及责任主体的信息

责任主体信息主要包括各环节操作时间、地点和责任人等。对于农药、兽药购买和使用记录应包括品名（通用名）、生产厂商、生产许可证号、农药登记证号或兽药批准文号、产品批号或生产日期。

3. 可追溯性信息

可追溯性信息是上、下环节信息记录中有唯一性的对接内容，以保证实施可追溯。例如，兽药购买和使用记录都有兽药名称、生产厂商和批次号（或生产日期）；或用代码衔接，以确保所用兽药只能是某厂商生产的某批次兽药。纸质记录的可追溯性保证了电子信息的可追溯性。

三、对应性原则

除记录信息的可追溯性外，还应在农产品质量安全追溯的实施过程中确保农产品质量安全追溯信息与产品的唯一对应。为此，应做到以下要求。

（一）各环节和单元进行代码化管理

各环节或单元的名称宜进行代码化管理，以便电子信息录入设备识别和信息传输。进行代码化管理时宜采用数字码，编制时应通盘考虑，既简单明了、容易识别，又不易混淆。

（二）纸质记录真实反映生产过程和产品性质

纸质记录内容仅反映生产过程和产品性质中与质量安全有关的内容，与此无关的农事活动和经营内容不应列入。

若蛋与蛋制品生产经营主体的纸质记录除了质量安全追溯内容外，还有其他体系认证、产品认证或经营管理需记录，则不必制作多套表格，可以制作一套表格，在其栏目上标注不同符号，如星形符号（*）、三角形符号（△）等，以表示以上不同类型用途的记录内容。纸质记录被录入追溯系统时，录入人员仅录入带有质量安全追溯符号的栏目内容即可。

（三）纸质记录和电子信息唯一对应

纸质记录与电子信息必须唯一性对应。要求电子信息录入人员收到纸质记录后需要做以下程序性工作：

1. 审核纸质记录的准确性、规范性

纸质记录是否有不准确之处，如医用兽药未使用通用名、医用兽药的

使用量未使用法定计量单位标注、消毒剂或疫苗的使用未明确休药期天数等；纸质记录的填写是否有不规范之处，如有涂改、空项等，发现后录入人员不得自行修改，应退回有关部门或人员修改。缺项的由制表人员修改表格，如兽药生产企业的生产许可证号或批准文号、产品批号（或生产日期）、兽药使用的不良反应等。若表格的栏目齐全，填写有误，则退回给填写人员，让其修改或重新填写。

2. 纸质记录准确录入电子设备

完成纸质记录审核后，信息录入人员应将纸质记录准确无误地录入追溯系统。同时，应采取相关措施保障电子信息不篡改、不丢失。为此，应采取以下措施：

① 用于质量安全追溯的计算机等电子信息录入设备不允许兼用于其他经营管理。

② 录入人员设有权限，设置有个人登录密码。

③ 计算机等电子信息录入设备有杀毒软件，以免受到攻击。

④ 有外接设备的定期备份、专用备份，如硬盘、光盘。

3. 核实录入内容

纸质记录录入后，信息录入人员应对录入内容与纸质记录的一致性进行核实；若不一致，则进行修改。

四、高效性原则

随着信息化的发展，运用现代信息技术对农产品从生产到消费实行全程可追溯管理。这既是农业信息化发展的重要趋势，也是新时期加强农产品质量安全管理的必然要求。从信息化角度分析，建立农产品质量安全追溯制度的本质要求就是综合运用计算机技术、网络技术、通信技术、编码技术、数字标识技术、传感技术、地理信息技术等现代信息技术对农产品生产、流通、消费等各个环节实行标识管理，记录农产品质量安全相关信息、生产者信息，以此形成顺向可追、逆向可溯的精细化质量管控系统，建立高效、精确、快捷的农产品质量安全追溯体系，全面提升农产品质量安全管控能力。

第四节 农产品质量安全追溯实施要求

为加深农业生产经营主体对农产品质量安全追溯的认识与理解，保障追溯体系顺利建设与实施，切实发挥农产品质量安全追溯在保质量、促安全等方面的作用，农业生产经营主体建设追溯体系之前，应先做好以下4

个方面的准备工作。

一、制订农产品质量安全追溯实施计划

农业生产经营主体在建立追溯体系前应制订详尽的实施计划。实施计划主要包括以下内容：

（一）追溯产品

农业生产经营主体生产的全部产品都可实施农产品质量安全追溯时，则全部产品作为追溯产品。若有部分产品无法实施追溯，则不应将该部分产品列入追溯产品。例如，蛋制品的鲜蛋原料来自自有牧场、外部的农民专业合作社或饲养小区。若外部农民专业合作社或饲养小区没有生产过程要求，或有要求但无法控制全生产过程，则追溯产品不应包括这部分生产的蛋制品。追溯产品仅为自有牧场的鲜蛋加工的蛋制品。蛋制品加工企业产品，部分是本企业加工生产，部分是委托本地或外地其他加工企业代加工生产的，且被委托的加工企业尚不具备可追溯条件；则尽管产品是同一品牌，也不能将被委托企业生产的产品列为追溯产品。

（二）追溯规模

估计追溯产品的年产量。确定追溯规模的依据是正常环境和经营条件下的生产能力，不考虑不可抗力的发生，如区域性瘟疫等。

（三）追溯精度

追溯精度应合理确定，不应过细或过粗。蛋与蛋制品生产经营主体由其生产设施决定追溯精度，即蛋鸡栋舍或栋舍组。过细则会导致生产成本的加大，信息记录工作量加大；过粗则易导致质量安全事件发生后追溯的困难及问题产品处理的损失加大。

（四）追溯深度

追溯深度依据追溯产品的销售情况进行确定。蛋与蛋制品企业有直销店，则追溯深度为零售商；若无直销店，则追溯深度为批发商；若兼有直销店和批发商，或无法界定销售对象的销售方式，则追溯深度可定为初级分销商。

（五）实施内容

实施内容的全面性是保障追溯工作有效完成的基础，应包括满足农产

品质量安全追溯工作要求的所有内容，如制度建设、追溯标签的形成、追溯技术的培训等。

（六）实施进度

实施进度的制定可以确保农业生产经营主体高效地完成追溯体系建设，避免追溯体系建设进展缓慢等问题。制定实施进度时，应充分考虑自身发展情况，结合现有基础，列出所有实施内容的完成期限以及相关责任主体。

二、配置必要的计算机网络设备、标签打印设备、条形码读写设备等硬件及相关软件

采用信息化管理的生产经营主体应配置数量合适的计算机等电子信息设备。追溯系统建设前，应先根据生产过程确定追溯精度。养殖环节中以蛋鸡栋舍或栋舍组为追溯精度，在其各个环节应设立信息采集点。蛋制品加工企业以产品批次为追溯精度，在其各个环节设立信息采集点。由信息采集点决定所用计算机等电子信息录入设备数量。若每个信息采集点各自采集或录入信息，则所用计算机等电子信息设备数量与信息采集点数量一致；若每个信息采集点采集的信息统一录入，则仅需一套计算机等电子信息录入设备。

应配置标签打印设备、条码读写设备等专用设备。专用设备配置数量由农业生产经营主体所需标签打印数量确定。如果产品采用工业化生产线进行生产，或者追溯产品包装不适合黏贴纸质标签，应配置喷码、激光打印等专用设备。

配置的软件系统应涵盖所有可能影响产品质量安全的环节，确保采集的信息覆盖生产、加工、流通全过程的各个信息采集点，且满足追溯精度和追溯深度的要求。

三、建立农产品质量安全追溯制度

农业生产经营主体应依据自身追溯工作特点和要求，制定产品质量安全追溯工作规范、信息采集和系统运行规范、质量安全问题处置规范（产品质量安全事件应急预案）等以及与其配套的相关制度或文件（如产品质量控制方案），且应覆盖追溯体系建设、实施与管理的所有内容。

（一）产品质量安全追溯工作规范

产品质量安全追溯工作规范内容主要包括：一是制定目的、原则和适

用范围；二是开展追溯工作的组织机构、人员与职责，以及保障追溯工作持续稳定进行的措施；三是实施方案以及工作计划的制订、实施；四是制度建设的原则和程序；五是相关人员培训计划的实施；六是质量安全追溯体系自查；七是产品质量安全事件的处置。

（二）信息采集及系统运行规范

信息采集及系统运行规范内容主要包括：一是追溯码的组成、代码段的含义及长度；二是信息采集点的设置；三是纸质记录内容的设计、填写和上传；四是电子信息的录入、审核、传输、上报；五是电子设备的安全维护要求和记录；六是系统运行的维护和应急处置；七是追溯标签的管理。

（三）产品质量安全事件应急预案

产品质量安全事件应急预案内容主要包括：一是编制目的、原则和适用范围；二是应急体系的组织机构和职责；三是应急程序；四是后续处理；五是应急演练及总结。

（四）产品质量控制方案

产品质量控制方案内容主要包括：一是编制目的、依据、方法以及适用范围；二是组织机构和职责；三是关键控制点的设置；四是质量控制目标及其临界值的确定；五是控制措施、监测、纠偏、验证和记录等。

四、指定部门或人员负责各环节的组织、实施和监控

具备一定规模的农业生产经营主体宜成立相关机构（质量安全追溯领导小组）或指定专门人员负责组织、统筹、管理追溯工作，并将追溯工作的全部内容分解到各部门或人员，明确其职责，做到既不重复又不遗漏。一旦发生问题，可依据职责找到相关责任人，避免相互推诿，便于问题查找以及工作改进。例如，生产记录表格的设计、制定、填写、录入或归档出现问题，可根据人员分工追踪到直接责任人，并进行工作改进。

第二章 《农产品质量安全追溯操作规程 蛋与蛋制品》解读

第一节 范 围

【标准原文】

1 范围

本标准规定了蛋与蛋制品质量安全追溯的术语和定义、要求、追溯码编码、追溯精度、信息采集、信息管理、追溯标识、体系运行自查和质量安全问题处置。

本标准适用于蛋与蛋制品质量安全追溯操作和管理。

【内容解读】

1. 本标准规定内容

本标准规定的所有内容将在以下各节进行解读。

2. 本标准适用范围

本标准适用于栋舍内饲养家禽的鲜蛋与蛋制品质量安全追溯操作和管理。鲜蛋包括未经深加工的禽蛋（鸡蛋、鸭蛋、鹅蛋和鹌鹑蛋等）；蛋制品包括液蛋制品（全蛋液、蛋黄液和蛋白液）、干蛋制品（全蛋粉、蛋黄粉和蛋白粉）、冰蛋制品（冰全蛋、冰蛋黄和冰蛋白）和再制蛋（皮蛋、咸蛋、咸蛋黄、糟蛋、卤蛋、蛋黄酪和松花蛋等）。

3. 本标准不适用范围

本标准不适用于散养、放养等家禽的鲜蛋与蛋制品和以鲜蛋为辅料的食品，也不适用于以上适用产品的非质量安全追溯规程。

第二节 术语和定义

【标准原文】

3 术语和定义

GB 2749 和 NY/T 1761 确立的术语和定义适用于本文件。

【内容解读】

1. NY/T 1761 界定的术语和定义

NY/T 1761《农产品质量安全追溯操作规程 通则》是农产品质量安全追溯操作的通用准则，内容包括术语和定义、实施原则与要求、体系实施、信息管理、体系运行自查和质量安全问题处置，对全国范围内农产品质量安全追溯体系的建设及有效运行起到了重要作用。NY/T 1761 是产品类标准制定的基础，为各产品类农产品质量安全追溯操作规程的制定起到了指导性作用。

NY/T 1761 界定的术语和定义有以下 8 条：

（1）农产品质量安全追溯（quality and safety traceability of agricultural products） 运用传统纸质记录或现代信息技术手段对农产品生产、加工、流通过程的质量安全信息进行跟踪管理，对问题农产品回溯责任，界定范围。

（2）追溯单元（traceability unit） 在农产品生产、加工、流通过程中不再细分的单个产品或批次产品。

（3）追溯信息（traceability information） 可追溯农产品生产、加工、流通各环节记录信息的总和。

（4）追溯精度（traceability precision） 可追溯农产品回溯到产业链源头的最小追溯单元。

（5）追溯深度（traceability depth） 可追溯农产品能够有效跟踪到的产业链的末端环节。

（6）组合码（combined code） 由一些相互依存并有层次关系的描述编码对象不同特性代码段组成的复合代码。

（7）层次码（layer code） 以编码对象集合中的层次分类为基础，将编码对象编码成连续且递增的代码。

（8）并置码（coordinate code） 由一些相互独立的描述编码对象不同特性代码段组成的复合代码。

2. NY/T 1431 界定的术语和定义

由于 NY/T 1761 中引用了 NY/T 1431—2007《农产品追溯编码导则》的术语和定义，NY/T 3817 还引用了 3 条术语和定义：

（1）可追溯性（traceability） 从供应链的终端（产品用户）到始端（产品生产者或原料供货商）识别产品或产品成分来源的能力，即通过记录或标识追溯农产品的历史、位置等的能力。

（2）农产品流通码（code on circulation of agricultural products） 农

产品流通过程中承载追溯信息向下游传递的专用系列代码，所承载的信息是关于农产品生产和流通两个环节的。

（3）农产品追溯码（code on tracing of agricultural products） 农产品终端销售时承载追溯信息直接面对消费者的专用代码，是展现给消费者具有追溯功能的统一代码。

3. GB 2749 界定的术语和定义

（1）鲜蛋（raw egg） 各种家禽生产的，未经加工或仅用冷藏法、液浸法、涂膜法、消毒法、气调法、干藏法等储藏方法处理的带壳蛋。

（2）液蛋制品（liquid egg product） 以鲜蛋为原料，经去壳、加工处理后制成的蛋制品，如全蛋液、蛋黄液、蛋白液等。

（3）干蛋制品（solid egg product） 以鲜蛋为原料，经去壳、加工处理、脱糖、干燥等工艺制成的蛋制品，如全蛋粉、蛋黄粉、蛋白粉等。

（4）冰蛋制品（frozen egg product） 以鲜蛋为原料，经去壳、加工处理、冷冻等工艺制成的蛋制品，如冰全蛋、冰蛋黄、冰蛋白等。

（5）再制蛋（processed egg product） 以鲜蛋为原料，添加或不添加辅料，经盐、碱、糟、卤等不同工艺加工而成的蛋制品，如皮蛋、咸蛋、咸蛋黄、糟蛋、卤蛋等。

【实际操作】

1. 追溯单元

追溯单元定义为农产品生产、加工、流通过程中不再细分的管理对象。

农产品生产、加工、流通过程中具有多个工艺段。这些工艺段可以是技术型的，也可以是管理型的，统称为管理对象。其划分的粗细按其技术条件或管理内容而分，一个追溯单元内的个体具有共同的技术条件或管理内容。例如，同一个或一组栋舍内的各个蛋鸡使用相同技术条件或管理内容（饲料饲养、卫生防疫、兽医兽药皆一致），则划定为一个追溯单元。

一个追溯单元有一套记录，适用于该追溯单元内的每个个体。追溯单元的划分是确定追溯精度的前提。

2. 批次

批次为由一个或多个追溯单元组成的集合，常用于产品批次。尽管每个追溯单元具有自己的技术条件或管理内容，且有别于其他追溯单元。但农产品生产、加工、流通过程是连续的物流过程，可分为多个阶段。当一个追溯单元的产品进入下一个阶段时，因技术条件或管理内容而不得不与其他追溯单元的产品混合时，就形成混合产品，即成为批次。例如，当鲜蛋收获后，如果不同的栋舍的鲜蛋能够实现分批加工，则一个栋舍的鲜蛋可作为一个批次；若不能实现分批加工，则多个栋舍的鲜蛋混合为一个批次。

批次可作为追溯精度。

3. 记录信息

记录信息是指农产品生产、加工、流通中任何环节记录的信息内容。生产经营主体在管理中应根据《中华人民共和国农产品质量安全法》做好记录。需记录的内容应包括与产品质量安全有关的信息，如生产资料的技术内容、工艺条件等；也包括与产品质量安全无关的信息，如职工的工作量、生产资料的收购价等。前者可用于质量安全追溯；后者则不可用于质量安全追溯，仅用于经营管理。生产经营主体为了记录的方便，往往是将这两方面内容列为一个记录，而不分别记录。

4. 追溯信息

追溯信息为具备质量安全追溯能力的农产品生产、加工、流通各环节记录信息的总和，即可用于质量安全追溯的记录信息。依据质量安全追溯的内容，即确定追溯产品的来源、质量安全状况、责任主体，追溯信息应满足该内容的要求。因此，追溯信息应包括以下 3 个方面内容：

（1）环节信息　即信息是记录在哪一环节。环节的划分依据如下：

① 生产组织形式。例如，兽药购入由单独的部门完成，然后分发给兽药使用者，则兽药购入和兽药使用为 2 个环节；若兽药使用者自行购入兽药，则兽药购入和兽药使用合为一个环节。

② 相同技术条件或管理内容的部门可归为一个环节。例如，统一进行管理的蛋鸡养殖栋舍，具有相同的技术条件或管理内容，可合并为一个环节。

③ 结合追溯精度，可以细分或粗合。环节信息应具体并唯一地反映该环节，表达方式可用汉字或数字（应在质量安全追溯制度中写明该数字的含义）。例如，第 1 养殖场第 2 号栋舍或 1 - 02。

（2）责任信息　即时间、地点、责任人，以便发生质量安全问题时可依此确定责任主体。其中，责任人包括质量安全追溯工作的责任人以及生产投入品供应企业责任人（该企业名称）。

（3）要素信息　该环节技术要素或管理要素的反映。要素信息应满足质量安全追溯的要求，如施用的兽药品名、剂型、使用量、使用方法、休药期和不良反应等。

5. 追溯精度

（1）追溯精度定义　农产品质量安全追溯中可追溯到产业链源头的最小追溯单元。这最小追溯单元基于生产实践。目前，生产水平和管理方式尚未完全摆脱粗放模式的影响。生产经营主体的记录可精确到养殖户或栋

舍、养殖户组或栋舍组等。

(2) 确定追溯精度的原则 生产经营主体可依据自身生产管理现状，为满足追溯精度要求，对组织机构、工艺段和工艺条件作出小幅度更改；但不必为追求更小的追溯精度花费大量资金及人力，以致影响经济效益。因此，全国范围内生产经营主体的质量安全追溯的模式不完全相同，各有符合各主体的特色。追溯精度也如此，各生产经营主体的追溯精度可以不同。追溯精度的放大和缩小各有利弊。

① 追溯精度放大的优点是管理简单、记录减少。例如，鲜蛋生产经营主体的追溯精度确定为栋舍组，则该栋舍组内蛋鸡的饲料饲养、卫生防疫、兽医兽药均为统一；该栋舍组内生产人员可随时换岗，而不必改变追溯精度；追溯信息的记录只需一套；运输时，同一栋舍组的鲜蛋可以随意分装在若干运输车，便于运输调度。但其缺点是一旦发生质量安全问题，查找原因、责任主体、改进工作与奖惩制度的执行都较困难。再则，发生质量安全问题的产品数量大，召回的经济损失及对企业的负面影响较大。

② 追溯精度缩小的优缺点正好与之相反。因此，在管理模式和生产工艺不作重大变更的前提下，合理确定追溯精度是每个生产经营主体实施质量安全追溯前必须慎重解决的问题。

鉴于以上所述优缺点，一般来说，产品质量安全可控性强、管理任务又较繁重的企业，追溯精度可以适当放大；而产品质量安全可控性差、管理任务又不太繁重的企业，追溯精度可以适当缩小。

另外，随着国内外贸易的扩展和质量安全追溯的深化，加工企业应改进管理和工艺，使追溯精度更小。当加工企业工艺变化或销售方式变化影响产品可追溯性时，应及时通知生产经营主体对追溯精度作出相应变化，以便追溯工作的实施与管理；从而促使追溯精度与实际生产过程相匹配，推进质量安全追溯发展，赢得消费者的赞赏。

6. 追溯深度

追溯深度为农产品质量安全追溯中可追溯到的产业链的最终环节。以生产经营主体作为质量安全追溯的主体，追溯深度有以下 5 类：

(1) 加工企业 实施质量安全追溯的鲜蛋生产经营主体，其可追溯的追溯产品销售给蛋制品加工企业，追溯深度为蛋制品加工企业。

(2) 批发商 实施质量安全追溯的蛋与蛋制品生产经营主体或加工企业，其追溯产品销售给批发商，追溯深度则为批发商。

(3) 零售商 实施质量安全追溯的蛋与蛋制品企业，其追溯产品销售给直销店或零售商，追溯深度为零售商。

(4) 分销商 实施质量安全追溯的蛋与蛋制品企业，其追溯产品销售给分销商，追溯深度为分销商。

（5）消费者　实施质量安全追溯的蛋与蛋制品企业，其追溯产品直接销售给消费者，追溯深度为消费者。

7. 代码

代码是农产品质量安全追溯中赋值的基本形式。只有使用代码才能实施信息化管理，才能实施追溯。

（1）代码的基本知识

① 代码表示形式。由于代码需表示诸多不同类型的内容，因此其表示形式有以下 4 种：

（a）数字代码（又称数位码）。这是最常用的形式，即用一个或数个阿拉伯数字表示编码对象。数字代码的优点是结构简单、使用方便、排序容易、便于推广。在应用阿拉伯数字时，对“0”不予赋值，而是作为预留位的数字，以便以后用其他数字代替，赋予一定含义或数值。

（b）字母代码（又称字母码）。用一个或数个拉丁字母表示编码对象。字母代码的优缺点如下：

一个优点是容量大，两位字母码可表示 676 个编码对象，而两位数字码仅能表示 99 个编码对象；另一个优点是有时可提供人们识别编码对象的信息，如 BJ 表示北京，TJ 表示天津，便于人们记忆。

缺点是不便于计算机等数据采集电子设备的处理，尤其当编码对象数目较多、添加或更改频繁、编码对象名称较长时，常常会出现重复或冲突。因此，字母代码经常用于编码对象较少的情况。即使在这种情况下应用，尚须注意以下 3 点：一是当字母码无含义时，应尽量避免使用发音易混淆的字母，如 N 和 M、P 和 B、T 和 D；二是当出现 3 个或更多连续字母时，应避免使用元音字母 A、O、I、E、U，以免被误认为简单语言单词；三是在同一编码方案中应全部使用大写字母或小写字母，不可大小写字母混用。

（c）混合代码（又称数字字母码或字母数字码）。一般不使用混合代码，只有在特殊情况下才使用，如出口蛋制品使用国际规定的流通码。混合代码中包括数字和字母的代码，有时还可有特殊字符。这种代码兼具数字代码和字母代码的优缺点。编制混合代码时，应避免使用容易与数字混淆的字母，如字母 I 与数字 1、字母 Z 与数字 2、字母 G 与数字 6、字母 B 和 S 与数字 8；也应避免使用相互容易混淆的字母，如字母 O 和 Q。

（d）特殊字符。部分特殊字符（如 &、@等）可用于混合代码中增加代码容量。但连字号（—）、标点符号（，。、等）、星形符号（*）等不能使用。

② 代码结构和形式。代码的结构包括其中由几个代码段组成、每个

代码段的含义、这些代码段的位置、每个代码段有多少字符。例如，农产品追溯码由4个代码段组成，从左到右代码段的名称依次为生产者代码段、产品代码段、产地代码段、批次代码段。每个代码段内字符数由具体情况而定。

③ 代码长度。代码长度是指编码表达式的字符（数字或字母）数目，可以是固定的或可变的。但为了便于信息化管理，宜采用固定的代码长度，对当前不用而将来可能会用的代码长度，可以用“0”作为预留。例如，某蛋制品生产企业，当前仅生产皮蛋和咸蛋2个品种，产品代码段只需1位代码长度；若考虑将来品种会增加到11种，则应有2位代码长度，当前产品代码为01～02。需要注意的，代码长度不应过长，否则不利于电子信息的管理。

（2）质量安全追溯中所用代码

① 组合码。组合码为由一些相互依存的并有层次关系的描述编码对象不同特性代码段组成的复合代码。例如，生产者的居民身份证编码采用组合码，居民身份证码见表2-1。

表2-1 居民身份证码

居民身份证码	含义
××××××××××××××××××	居民身份证码的18位组合码结构
××××××	行政区划代码
××××××××	出生日期
×××	顺序码，其中奇数表示男性、偶数表示女性
×	校验码

该组合码分为4个代码段，共18位。前2个代码段分别表示公民的空间和时间特性，第3个代码段依赖于前2个代码段所限定的范围，第4个代码段依赖于前3个代码段赋值后的校验计算结果。

又如，蛋制品追溯码见表2-2。

表2-2 蛋制品追溯码示例

追溯码	含义
×××××××××××××××××××××××××	蛋制品追溯码的25位组合码结构
××××××	从业者代码
××××	产品代码
××××××	产地代码
××××××××	批次代码
×	校验码

该组合码分为5个代码段，共25位。第1个代码段是从业者代码，表示蛋制品生产经营主体，包括经营者、生产者和经销商的全部或部分。第2个代码段是产品代码，表示蛋制品产品的代码。第3个代码段是产地代码，表示追溯产品生产地的代码，可用国家规定的行政区划代码，如以下所述的层次码。第4个代码段是批次代码，如以下所述的并置码。第5个是校验码，依赖于前4个代码段24个代码赋值后的校验计算结果。

② 层次码。层次码以编码对象集合中的层次分类为基础，将编码对象编码成连续且递增的代码。例如，产地编码采用3层6位的层次码结构，每个层次有2位数字，从左到右分别代表省级、市级、县级。较高层级包含且只能包含较低层级的内容，内容是连续且递增的，组成层次码，表示某县所属市、省，表达一个有别于其他县的确切唯一的生产地点。

例如，北京市的省级代码为11，下一层市辖区的市级代码为01，下一层东城区的县级代码为01。因此，生产地点在北京东城区的代码为110101。

③ 并置码。并置码为由一些相互独立的描述编码对象不同特性代码段组成的复合代码。例如，批次代码，采用2个代码段。第1个代码段为批次，用数字码，其位数取决于1 d内生产的批次数，可用1位或2位。第2个代码段是生产日期代码，采用6位数字码，分别表示年、月、日，各用2位数字码。批次代码和生产日期代码是具有不同特性的，批次与生产线、生产设施有关，而生产日期仅是自然数。

8. 可追溯性

蛋与蛋制品的可追溯性是指从供应链的终端（产品使用者）到始端（产品生产者或原料供货商）识别产品或产品成分来源的能力。蛋与蛋制品供应链的终端包括批发商、零售商（如蛋与蛋制品企业的直销店）和消费者（如机关、学校等）。始端所指的产品生产者包括农业生产经营主体（养殖户、养殖户组、养殖场和养殖小区）、加工企业等；原料供货商包括鲜蛋生产经营主体，饲料、饲料添加剂、农药和兽药供货商，以及加工过程中使用的食品添加剂供货商。

识别产品或产品成分来源的能力是指通过质量安全追溯达到识别与质量安全有关的产品成分及其来源的能力。

以蛋与蛋制品中农药残留（以下简称农残）为例，其来源可能是农药供应商添加了所供农药名称以外的农药，或所供农药含有其他农药成分；也可能是农药使用者没按国家有关规定使用（如农药剂型、稀释倍数、使

用量、使用方式等)、使用了国家明令禁用的农药，或是没按农药安全间隔期收割饲料原料；也可能是追溯产品的农残检验不规范。

以蛋与蛋制品中兽药残留（以下简称兽残）为例，其来源可能是兽药生产商添加了兽药名称以外的兽药，或供应的兽药含有其他兽药成分；也可能是兽药使用者未按照国家有关规定使用（如兽药的剂型、稀释倍数、使用量、使用方式等)、使用了国家明令禁用的兽药，或是没按休药期规定采收鲜蛋；也可能是追溯产品的兽残检验不规范。

另外，如重金属污染可能来源于饲料、饲料添加剂、加工用水等；致病性微生物可能来源于养殖环境、蛋制品加工过程中微生物污染、蛋制品包装和储存不规范所致的微生物污染。

所有这些成分的来源分析是通过产业链各环节的信息记录或产品标识追溯到产业链内的工艺段，即通过质量安全信息从产业链终端向始端回溯，从而构成农产品的可追溯性。

9. 农产品流通码

农产品流通码的信息包括农产品生产和流通两个环节的信息，该信息是从始端环节向终端环节传递的顺序信息。

生产环节代码包括生产者代码、产品代码、产地代码和批次代码，农产品流通码对一个生产经营主体来说是唯一性的。生产经营主体编码时，可采用国际公认的 EAN・UCC 系统。其中，EAN 是联合国的编码系统（国际物品编码协会)，UCC 是美国的编码系统（美国统一代码委员会)，两者结合组成 EAN・UCC 系统。EAN・UCC 是国际通用编码系统，生产经营主体按此编码符合国际贸易要求，可在出口产品中采用该编码。

（1）*EAN・UCC 系统*　EAN・UCC 代码包括应用标识符、标识代码类型、代码段数、代码段内容以及代码段中数字位数等。常用的 EAN・UCC 系统主要有以下 2 种：

① EAN・UCC－13 代码。EAN・UCC－13 代码是标准版的商品条形码，由 13 位数字组成，包括前缀码（由 EAN 分配给各国或地区的 2～3 位数字，在 2002 年前中国是 3 位数 690～695)、厂商识别代码（由中国物品编码中心负责分配 7～9 位数字)、商品项目代码（由厂商负责编制 3 位数字）和校验码（1 位数字)。

② EAN・UCC－8 代码。EAN・UCC－8 代码是缩短版的商品条形码，由 8 位数字组成，包括商品项目识别代码（由中国物品编码中心负责分配 7 位数字）和校验码（1 位数字)。

（2）*我国国际贸易农产品流通码*　农产品流通码示例见图 2－1。

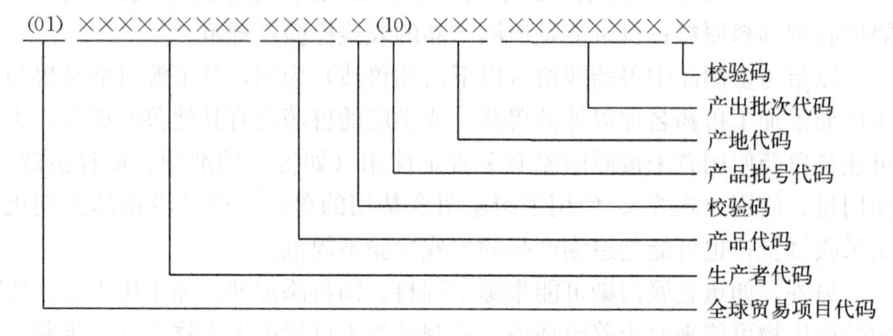

图 2-1 农产品流通码示例

生产者代码和产品代码处于全球贸易项目代码的应用标识符 AI（01）之中，该标识符可用于定量贸易项目，其第 1 个数字代码（即生产者代码的第 1 个数字代码）为 0～8；也可用于变量贸易项目，其第 1 个数字代码（即生产者代码的第 1 个数字代码）为 9。生产者代码有 7～9 位数字（可用 0 表示预留代码），产品代码有 3～5 位数字（可用 0 表示预留代码），2 个代码段结束处设校验码（1 位数字）。

产地代码和产出批次代码处于全球贸易项目代码的应用标识符 AI（10）之中，其中产出批次代码中可加入生产日期代码（6 位数字，前 2 位为年份的后 2 个数字，如 2020 年的年份代码是 20；然后是 2 位月份代码和 2 位日数代码），2 个代码结束处设校验码（1 位数字）。

以上内容的生产环节流通码由生产经营主体结束生产时编制完成。

蛋与蛋制品流通环节代码包括运输、批发、分销、零售等环节的代码，其内容为流通作业主体代码、流通领域产品代码、流通作业批次代码，这些代码对一个流通企业来说是唯一性的。

流通作业主体代码、流通领域产品代码处于全球贸易项目代码的应用标识符 AI（01）之中。流通作业批次代码处于全球贸易项目代码的应用标识符 AI（10）之中，其可加入生产日期代码。

以上内容的流通环节流通码由流通部门在结束流通时编制完成。

生产环节和流通环节流通码也可合二为一，由流通部门向生产经营主体提供必要的流通领域代码，生产经营主体在完成生产时编制一个体现生产和流通两方面内容的代码，其形式为生产领域的流通码，即 4 个代码段，在生产者、产品、产地和批次代码段中加入流通领域的内容。

10. 农产品追溯码

追溯码是提供给消费者、政府管理部门的最终编码，仍由 4 个代码段组成，与流通码一样，但不使用标识符，仅有一个校验码。追溯码由流通

码压缩加密形成。农产品追溯码见图 2－2。

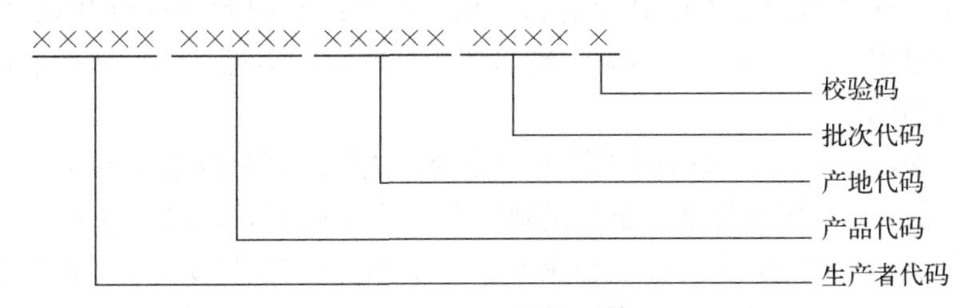

图 2－2　农产品追溯码

第三节　要　　求

一、追溯目标

【标准原文】

4.1　追溯目标

建立追溯体系的蛋与蛋制品可通过追溯码追溯到其饲养、加工、流通等环节的质量安全相关信息及责任主体。

【内容解读】

1. 追溯码具有完整、真实的信息

追溯码具有的追溯信息完整、真实是保证能够根据追溯码进行追溯的基础，也是实施质量安全追溯的前提条件。如果没有完整和真实的追溯信息，顺向可追、逆向可溯便无从谈起。因此，对追溯码具有的追溯信息有以下要求：

（1）追溯信息应具有完整性　完整性是指信息覆盖养殖、加工和流通整个产业链的所有环节。在信息内容上，应包括产品、投入品等所有追溯信息，即与追溯产品质量安全有关的信息。同时，还应包括明确的责任主体信息。

（2）追溯信息应具有真实性　追溯信息真实性是指按照实际的生产、操作情况记录发生的事情。记录可为可追溯性提供查询、验证的证据。因此，保证记录的真实性，将为质量原因的分析、问题产品的追溯、质量安全追溯系统的有效运行提供有力支撑。另外，记录的真实性也包含电子信息和纸质信息一致性的内涵，将纸质记录信息转录为电子记录信息应有审核的过程。

2. 追溯方式

质量安全追溯是依据追溯信息，从产业链终端向始端进行客观分析、判定的过程。生产经营主体应明确追溯产品的流向信息，然后从产业链的终端向始端方向进行回溯。

例如，加工企业的追溯产品为全蛋液，执行的产品标准为 GB 21710—2016《食品安全国家标准　蛋与蛋制品生产卫生规范》，流向共包括 10 个环节，分属于养殖场 3 个、加工企业 7 个。对应设立与质量安全有关的信息采集点为 8 个，组成信息流。蛋制品生产企业物流和信息流见图 2－3。

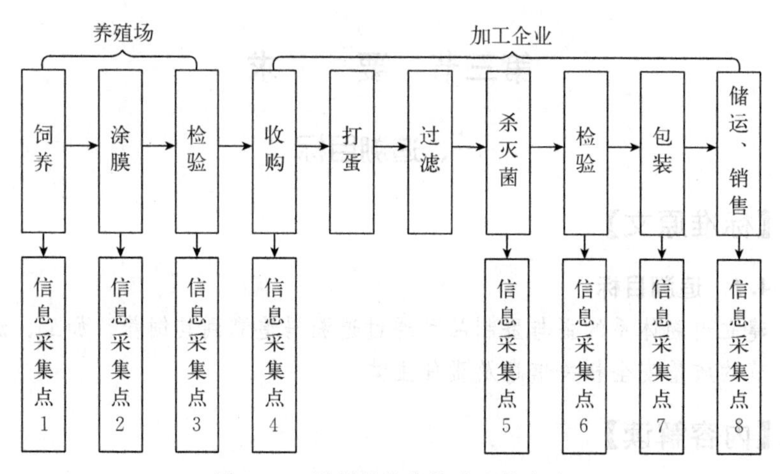

图 2－3　蛋制品企业物流和信息流

例如，当某市售全蛋液的型式检验查出其中氨丙啉残留量为 5 mg/kg，超过 GB 31650—2019《食品安全国家标准　食品中兽药最大残留限量》中规定的限量 4 mg/kg 时，企业须实施追溯，步骤如下：

由于氨丙啉超标不会发生在成品包装、储运、销售环节；因此，最后端是检验环节。从信息采集点 6 查找，发生氨丙啉超标的原因有 3 个或其中之一：

（1）检验有误　检验有误的原因包括检验方法应用错误、检验操作不当、检验结果计算错误等。因此，应规范所有检验因素，包括检验方法、人员、操作、仪器、量具和计算等。

（2）检验样本量不足　样本量不足可能导致所检样品合格，而不合格样品未被检到、漏检，从而样品合格不能代表产品合格。因此，抽样时应加大随机抽样量，使样品的检验结果能代表产品质量。

（3）样品均质不当　样品均质不当可能是取样部位代表性差、样品混合和均质不准，使本来能代表产品的样品得不到质量均匀的实验室样品，从而导致错误结果。因此，取样时应随机取样，并充分均质化。

鉴于以上原因，责任主体应是相关的抽样或检验人员。

因氨丙啉超标不会发生在杀灭菌、打蛋、过滤、收购、储运和销售环节，如检验环节无误，则继续向始端回溯至鲜蛋检验环节，即信息采集点3。鲜蛋检验环节的检验同上述的检验方法。若该检验环节有误，责任主体应是养殖场相关的抽样或检验人员。

若以上环节均没有问题，则继续向始端回溯至饲养环节的信息采集点1。该环节造成氨丙啉残留的原因有以下2个或其中之一：

（1）*在休药期内收集了鲜蛋* 按农业部公告第278号规定，其休药期为10 d。用后不到10 d就收集产出的蛋，造成氨丙啉超标。

（2）*用药不当* 工作人员未按规定的使用量、使用方式，造成氨丙啉超标。

鉴于以上原因，责任主体应是相关的饲养人员。

因此，实施质量安全追溯的目的是查找质量安全问题的原因，明确其责任主体，并针对性地进行改进工作，提高可追溯产品的质量安全水平。

二、机构或人员

【标准原文】

4.2 机构或人员

建立追溯体系的生产经营主体应指定机构或人员负责追溯工作的组织、实施、管理，且保持相对稳定。

【内容解读】

设立机构和指定人员是从组织上保证农产品质量安全追溯工作顺利进行的重要举措。具备一定规模的生产经营主体应设置专门机构（如质量安全追溯办公室）或指定专门人员负责组织、管理追溯工作；规模较小的生产经营主体也应指定专门人员负责农产品质量安全追溯工作的实施。

1. 机构或人员的职责

机构或人员的职责应满足以下要求：

（1）*职责明确* 依据农产品质量安全追溯的要求，将整个工作（制度建设、业务培训、追溯系统网络建设、系统运行与管理、信息采集及管理等）分解到各个部门，落实到每个工作人员。职责既不可空缺，也不可重复，以便查找问题以及责任界定。例如，生产记录表格的设计定稿、填写人员等，都应明确责任主体。一旦发生不可追溯，若是由记录人员的填写错误所致，则由记录人员负责；若是记录表格缺少应有项目致使追溯中断，则由设计定稿人员负责。再如，为保证培训效果以及培训的针对性，培训时应明确培训计划、授课人、授课对象等。若存在工作人员操作不当或操作不熟练的现象，培训计划有操作相关内容，且听课人在培训签到表上签字，则工作人员对此负责；若培训计划有操作相关内容，授课人培训时未对该部分内容进行充分讲解，导致听课人未能充分理解，则授课人对此负责，并进行重新培训；若培训计划中未列入该内容，则培训计划制订人对此负责。总之，职责明确是保证质量安全追溯工作顺利进行的关键。

（2）人员到位　追溯工作分解到人时，应将全部工作明确分给每个工作人员。工作分解到人可以有 2 种表示方式：

① 明确规定某职务担任某项工作。这种“定岗定责”方式的优点是，当发生人员变动时，只要该职务不废除，谁承担该职务，谁就承担该工作；不至于由于人员变动导致无人接手相关工作的局面，从而影响追溯工作的有效衔接。

② 明确担任某项工作人员的姓名。这种表示方式的好处是直观，但当发生人员变动时，需及时修改相关任命文件。

2. 工作计划

（1）工作计划的制订　农业生产经营主体在制订工作计划时应根据自身生产实际，将全部质量安全追溯工作内容纳入计划、统筹考虑，并确定执行时间（依据轻重缓急和任务难易可按周、月或季执行）、执行机构或人员、执行方式等。

（2）工作计划的执行　执行工作计划时，应记录执行情况，包括内容、执行部门或人员、执行时间和地点、完成及改进情况等。

（3）工作计划的监管检查　监管检查时，应形成检查报告，包括检查机构或人员、检查时间、检查内容、检查结果，以便后续改进。

3. 信息采集、上报、核实和发布

由于信息采集人员是接触信息的一线人员，其采集信息的真实性、完整性直接影响追溯工作的顺利进行。因此，在指定机构或人员负责追溯工作的文件中应明确信息采集人员，以便在出现问题时直接找到相关责任人。信息采集人员对信息记录的真实性、完整性负责。

三、设备和软件

【标准原文】

4.3　设备和软件

建立追溯体系的生产经营主体应配备必要的信息采集、输出、读写等

专用设备及相关软件。

【内容解读】

1. 计算机等电子设备

计算机等电子设备是农产品质量安全追溯的重要组成部分，是快速、有效地进行信息采集、信息处理、信息传输和信息查询的信息化工具，普遍应用于农产品质量安全追溯中。计算机见图 2－4。

2. 移动数据采集终端

移动数据采集终端是快速、高效、便携的电子设备，它可用于产业链过程中各环节电子信息的采集，如储存、运输和销售环节的信息。移动数据采集终端见图 2－5。

图 2－4 计算机

图 2－5 移动数据采集终端

3. 工控机

工控机是用于特殊环境下的信息化工具，如蛋制品低温储存冷库等（图 2－6）。它与普通计算机的差别如下：

（1）外观 普通计算机机箱是开放、不密封的，表面上有较多散热孔，有一个电源风扇向机箱外吹风散热。而工控机机箱则是全封闭的，所用的板材较厚，更结实，重量比普通计算机重得多，可以防尘，还可屏蔽环境中电磁等对内部的干扰。机箱内有一个电源风扇，可保持机箱内更大的正压强风量。

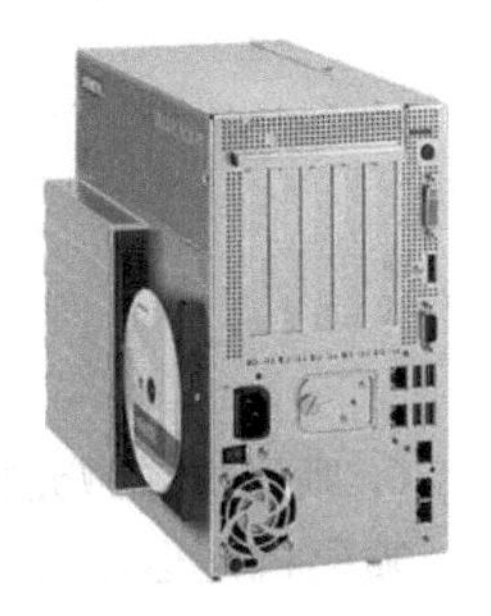

图 2－6 工控机

（2）结构 相对于普通计算机，工控机有一个较大的母板，有更多的扩展槽，CPU 主板和其他扩展板插在其中，这样的母板可以更好屏蔽外界干扰。同时，电源用的电阻、电容和电感线圈等元器件级别更高，具有更强的抗冲击、抗干扰能力，带载容量也大得多。

4. 网络设备

网络设备的合理运用可保证网络通信的有效和畅通。应建立有效的通信网络，确保各信息采集点的信息传递管道畅通。可采用以下 4 种方式：

① 通过 ADSL 上网。

② 通过光纤方式上网。

③ 建立局域网。对于在一栋建筑物内、信息交换比较频繁的场所，应建立局域网，实现实时共享，减少各采集点数据导入、导出等操作。

④ 无线上网。对于不具备以上条件，信息交换又比较频繁的场所，应采用此方式。

5. 标签打印机

追溯产品为预包装食品，且包装容器（如纸箱等）利于粘贴标签，则应配备标签打印机。标签打印机数量根据生产经营主体日产量、日包装量和日销售量等生产实际情况配置。在条件允许情况下，生产经营主体宜配置一台备用机，以应对突发状况。标签打印机见图 2-7。

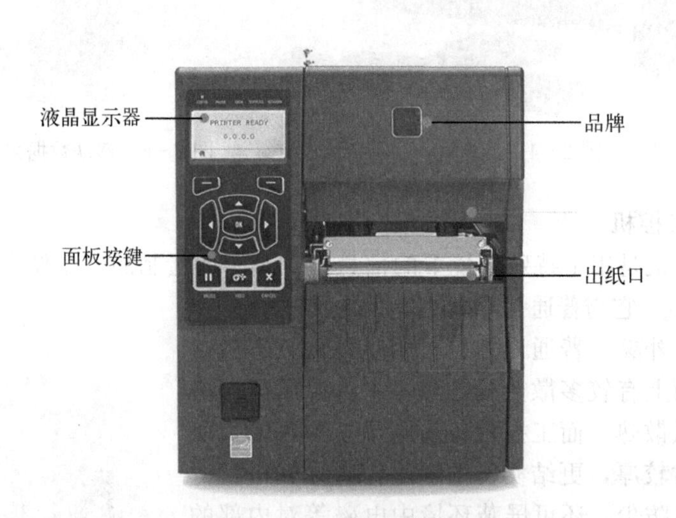

图 2-7 标签打印机

6. 喷码机或激光打码机

喷码机是运用带电的墨水微粒，根据高压电场偏转的原理，可在各种不同材质的包装表面上非接触地喷印图案、文字和代码。喷码机机型多样，有小字符系列（图 2-8）、高清晰系列、大字符系列等。当追溯产品包装为塑料袋等不适宜粘贴标签的，如袋装全蛋粉等，应配备喷

码机。

激光打码机使用软件偏转激光束，利用激光的高温直接烧灼需标识的产品表面，形成图案、文字和代码。与普通的墨水喷码机相比，激光打码机的优点主要如下：

① 降低生产成本，减少耗材，提高生产效率。

② 防伪效果明显，可以有效地抑制产品的假冒标识。

③ 能在极小的范围内打印大量数据，打印精度高，打码效果好且美观。

④ 设备稳定度高，可 24 h 连续工作，激光器免维护时间长达 2 万 h 以上。温度适应范围宽（5～45 ℃）。

⑤ 激光打码机是环保型高科技产品，具有环保、安全等特点，不产生任何对人体和环境有害的化学物质。

激光打码机见图 2－9。

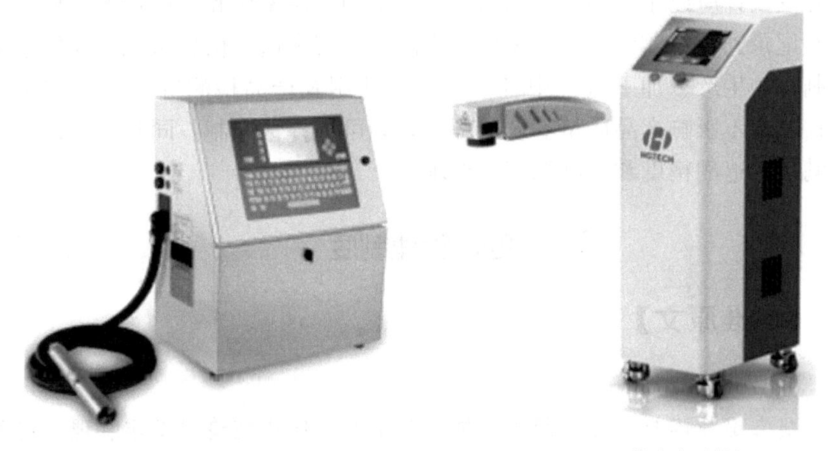

图 2－8 小字符喷码机　　图 2－9 激光打码机

当追溯产品采用塑料包装时，塑料封口机可与喷码机或激光打码机组成一体机，以便于操作和打印计数。

7. 条形码识别器（又称条形码阅读器、条形码扫描仪）

条形码是将线条与空白按照一定的编码规则组合起来的符号，用以代表一定的字母、数字等资料。在进行识别时，用条形码识别器扫描，可得到一组反射光信号。此信号经光电转换后变为一组与线条、空白相对应的电子信号，经解码后还原为相应的数字和文字，然后传入计算机。条形码识别器可用于识别条形码（即一维条码）和二维码（即二维条码）。一维条形码识别器见图 2－10，二维条形码识别器见图 2－11。

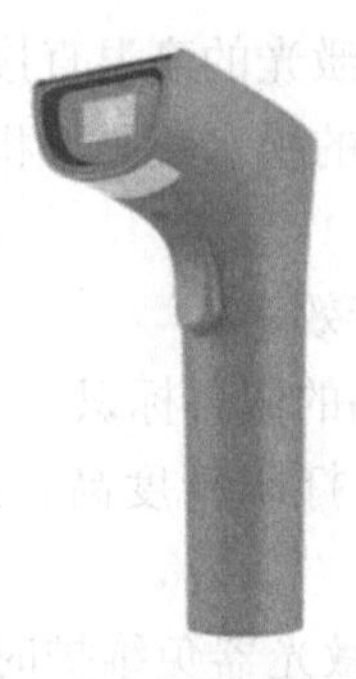

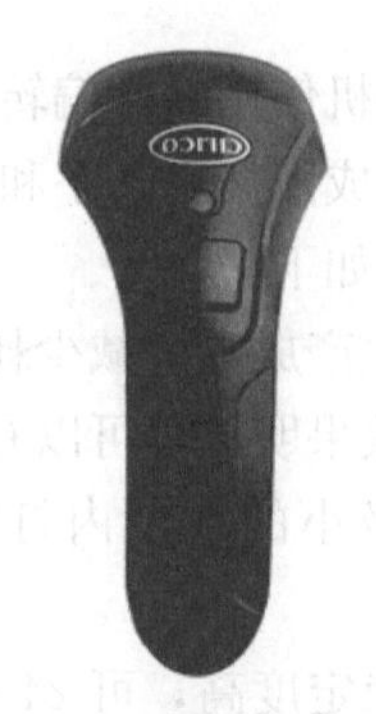

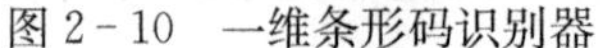

图 2－10　一维条形码识别器　　　图 2－11　二维条形码识别器

8. 软件

软件系统的科学合理性直接关系质量安全追溯工作的成效。软件系统的开发设计应以生产实际需求为导向，采用多层架构和组件技术，形成从养殖记录到市场监管一套完整的农产品质量安全追溯信息系统。软件系统定制时，生产、加工过程中各投入品的使用及产品检测等为必须定制项目；其他不影响产品质量安全的环节，则可选择性定制。同时，软件系统应满足其追溯精度和追溯深度的要求。

四、管理制度

【标准原文】

4.4　管理制度

建立追溯体系的生产经营主体应制定并组织实施追溯工作管理、追溯信息管理及产品质量控制方案等相关制度。

【内容解读】

生产经营主体建立质量安全追溯体系时需配套必要的工作制度，主要包括质量安全追溯工作规范、信息采集规范、信息系统维护和管理规范、质量安全问题处置规范 4 个方面的制度。必要时，还可增加其他制度实施管理。质量安全追溯工作规范规定质量安全追溯的总体要求，设计质量安全追溯内容的总体管理。信息采集规范是实施质量安全追溯的基本条件，包括电子信息和纸质信息的采集内容、方式、传输。信息系统维护和管理规范是质量安全追溯实施的核心，为保证信息系统的高效、准确运行而应采取的日常管理和维护方法。质量安全问题处置规范的内容是，一旦质量

安全追溯产品发生质量安全问题，如何应用追溯码及所反映的信息对该追溯产品进行处置。

【实际操作】

建立追溯体系的生产经营主体应制定追溯工作规范及产品质量安全控制等相关制度，并组织实施、不断完善。信息采集规范可以与信息系统维护和管理规范合并成一个制度叙述。质量安全问题处置规范可以放在产品质量安全事件应急预案内，作为其中一个内容叙述。

1. 管理制度

管理是社会组织中，为了实现既定目标，以人为中心进行的控制与协调活动。生产经营主体为了不同的目标实施不同的管理模式，如新中国成立初期实施过“全面质量控制”（TQC），而当今又有“危害分析与关键控制点（HACCP）”等。为规范农产品质量安全追溯的实施，保障追溯体系的运行，同样需要制定一套管理制度。它与其他企业管理有共性，也有个性。生产经营主体实施质量安全追溯管理是建立在以往各种管理模式中积累的经验基础之上的。企业应依托现有基础，认真学习与领会质量安全追溯管理的个性，即与其他管理模式不同的特点，从而制定追溯相关制度。制度管理包括 4 个环节，即制定、执行、检查和改进。

（1）制定　制度文件制定时，应按照“写我所做、写我能做”的要求，涵盖质量安全追溯工作实际的所有内容，并确立明确的目标要求以及达到目标所应采取的措施，包括组织、人员、物质、技术、资金等。制度中所确立的目标应在生产经营主体能力范围内，且是必须达到的目标要求，而不切实际的目标和内容一律不得列入制度文件中，如追溯产品质量控制方案中列出的控制大气污染等。此外，不影响目标实施以及产品质量安全的内容也可以不在制度中列出。

（2）执行　指定的机构或人员应按照制度文件执行。当执行过程中发现制度内容与生产经营主体生产实际不符时，应告知相关人员对制度文件进行修订。指定机构或人员执行与否依据执行记录进行判定。

以追溯技术培训为例，追溯技术培训是每个质量安全追溯生产经营主体必须进行的一项工作，同时也是非常重要的一项工作。当执行追溯技术培训这项具体工作时，应有培训计划、培训通知、授课内容、听课人签到及其相关证明材料，培训结束后应有相应的总结。

需要注意的是，因计划属于预先主观意识，执行属于客观行为，在执行过程中允许与计划有所出入。俗话说“计划赶不上变化”，从唯物辩证观点出发，一切以实际为准，以达到预期目标为准。

（3）*检查* 相关工作结束后，需对执行效果与制度文件中确立的目标进行对比评估，分析不足、总结经验。例如，对追溯技术培训的培训人员相关操作的准确性及熟练性进行检查是否达到预期的效果。

（4）*改进* 除了规范追溯体系实施、促进追溯理念发展、推广经验外，更重要的是纠正具体实践中发现的问题以及改进制度制定、执行中的不足。例如，追溯技术培训后，若检查时发现培训效果欠佳，仍有部分人员对追溯相关技术不甚理解，则仍需进行再次培训。管理制度的建立是不断发现问题、改进问题的过程。改进不是一劳永逸的，需在后续的工作循环进行制定、执行、检查和改进，直至达成既定目标。

农产品质量安全追溯制度首先要立足于自身的生产实际与需求；同时，还应结合相关部门发布的有关农产品质量安全追溯工作文件。为确保追溯工作的顺利开展，需要制定质量安全追溯工作规范、质量追溯信息系统运行及设备使用维护制度、产品质量安全应急预案、产品质量控制方案，以上 4 项制度构成了质量安全追溯的最基本制度。此外，还可以制定与制度相配套的工作方案等，如质量安全问题处置规范。

2. 基本制度

（1）*质量安全追溯工作规范* 质量安全追溯工作规范是作为追溯工作的基本制度，其规范的对象是追溯工作，涉及质量安全追溯的所有工作，管理范畴无论在空间上、还是在时间上都更为宽泛。它的内容包括其他 3 个制度以外的所有内容，即质量安全追溯的组织机构、人员与职责、制度建设原则与程序、工作计划制订与实施、人员培训、追溯工作监督与自查，以及有关管理、操作、监督部门的职责等。同时，还应注意与其他具体制度性管理文件的相关关系。

（2）*质量追溯信息系统运行及设备使用维护制度* 该制度内容包括信息采集点的设置；信息采集内容；传输方式；纸质信息和电子信息安全防护要求；上传时效性要求；专用设备领用、维护记录；系统运行维护；追溯码的组成，代码的含义；标签打印机的维护，标签打印使用记录；以及有关管理、操作、监督部门的职责等。例如，纸质记录的记录表格设计、记录规范、记录时限、交付电子录入人员时限；电子录入人员的纸质记录审核，软件的确定和应用；备份的设备要求、备份的时限；电子信息安全措施、上传时限。

（3）*产品质量控制方案* 该制度制定时需依据追溯产品的有关法律法规和标准，结合生产经营主体的实际情况。因此，同样是蛋与蛋制品生产经营主体，产品质量控制方案也不尽相同。

在条款内容上，应包括编制依据、适用范围、组织机构与职责、关键

控制点设置、控制目标（安全参数和临界值或技术要求）和监控（检验）方法、控制措施、纠偏措施、实施效果检查等内容要求。

在技术内容上，应包括符合生产经营主体生产实际的追溯产品生产工艺流程图；准确合理设置关键控制点、控制目标（安全参数和临界值或技术要求）、监控（检验）方法、控制措施和纠偏措施。其中，纠偏措施应准确、及时，符合控制目标。

（4）*产品质量安全应急预案* 该制度制定时需依据追溯产品的有关法律法规和标准，结合生产经营主体的实际情况。该制度内容应包括组织机构和应急程序、应急项目、控制措施、质量安全事件处置，以及有关管理、操作、监督部门的职责等。

为了验证应急预案的可行性，需进行应急演练。演练的项目是产品标准所涉及的质量安全项目。例如，蛋制品追溯产品可以演练兽药残留、重金属、微生物超标等项目。

应急预案的对象应是产品标准规定项目，如绿色食品蛋制品应急预案对象为农药残留（涉及饲料种植）、兽药残留（涉及兽药使用）、微生物（涉及杀灭菌强度、包装和储存条件）。

第四节 追溯码编码

一、养殖环节

【标准原文】

5 追溯码编码

按 NY/T 1761 的规定执行。二维码内容可由生产经营主体自定义。

【内容解读】

1. 产地编码

NY/T 1761—2009 中“5.2.2.2 产地编码”规定编码方法按 NY/T 1430 规定执行。NY/T 1430—2007《农产品产地编码规则》详细规定了农产品产地单元划分原则、产地编码规则、产地单元数据要求。

农产品产地单元是指根据农业管理的需要，按照一定原则划分的、边界清晰的多边形农产品生产区域。

产地单元划分应遵循以下原则：

法定基础原则：应基于法定的地形测量数据进行；

属地管理原则：产地单元的最大边界为行政村的边界，不应跨村分割；

地理布局原则：按照农产品产地中的沟渠、河流、湖泊、山丘、道路等地理布局进行划分；

相对稳定原则：宜保持相对稳定，不宜经常调整；

因地制宜原则：应根据不同地区的特点和发展要求进行划分。

农产品产地单元在时间和空间定义上应有唯一的编码。产地单元变更时，其源代码不应占用，变更后的农产品产地单元按照原有编码规则进行扩展。

NY/T 1430—2007 中规定农产品产地代码由 20 位数字组成。农产品产地代码结构见图 2-12。

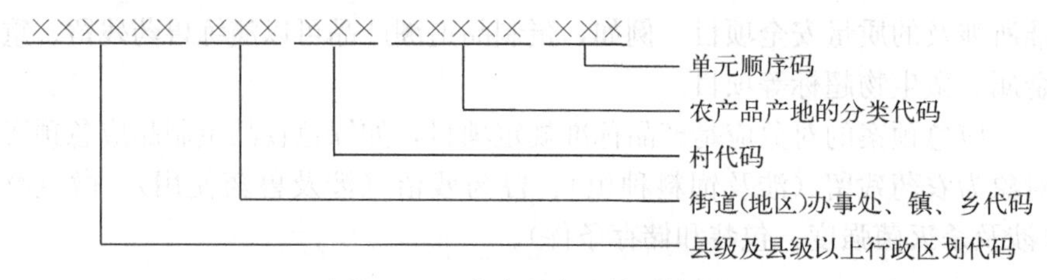

图 2-12　农产品产地代码结构

农产品产地编码宜采用十进制的数字码，应在质量追溯信息系统运行及设备使用维护制度、追溯信息管理制度中写明代码的含义。数字码便于信息化运行，不应采用字母码或汉字。其产地地块编码档案应与养殖的蛋禽种类相对应，其内容信息可以使用汉字，至少应包括养殖区域、面积、产地环境等。

“全球贸易项目代码”应用标识符在 EAN·UCC 系统中以 AI（01）表示。EAN·UCC 系统是由国际物品编码组织（GS1）和美国统一代码委员会（UCC）共同开发、管理和维护的全球统一和通用的商业语言，为贸易产品与服务（即贸易项目）、物流单元、资产、位置以及特殊应用领域等提供全球唯一的标识。

“7 位地块（圈、舍或生产线）代码”采用的是固定递增格式层次码。在这 7 位代码段中，前两位代表“管理区代码”，如该国有农场共有 10 个管理区，则可将数字代码 01～10 分别表示 10 个管理区；中间两位代表“生产队代码”，如该国有农场某个管理区有 5 个生产队，则可将这 5 个生产队分别用数字代码 01～05 表示；后三位代表“地块（圈、舍或生产线）顺序代码”，宜采用十进制数字模式按地块（圈、舍或生产线）排列顺序编码。地块划分应以蛋禽养殖品种、地理位置、所属单位或养殖户等特性

相对一致的最大地理区域为同一编码。

2. 养殖者编码

生产、管理相对统一的养殖户、养殖场统称为养殖者，应对养殖者进行编码，并建立养殖者编码档案。养殖者编码档案至少包括以下信息：姓名或户名、场名、养殖区域、养殖面积、养殖品种。

养殖者编码可以用数字按其居住位置或姓名罗马字母排列顺序编写，养殖者姓名应为居民身份证所示姓名；场名、养殖区域、养殖品种用数字或字母编码。养殖面积应体现亩或公顷的数字代码。

【实际操作】

1. 产地编码

（1）产地县级及以上行政区划分代码　县级及县级以上行政区域代码包括数字代码和字母代码。

① 数字代码（简称数字码）。按照 GB/T 2260—2007/XG1—2016《中华人民共和国行政区划代码》及第 1 号修改单规定，采用 3 层 6 位的层次码结构，每个层次有 2 位数字。数字码码位结构从左至右的具体含义是：

第一层，前两位代码为省级代码，表示省、自治区、直辖市、特别行政区。具体代码见表 2-3。

表 2-3　全国省级（省、自治区、直辖市、特别行政区）**代码表**

名称	罗马字母拼写	数字代码	字母代码
北京市	Beijing Shi	110000	BJ
天津市	Tianjin Shi	120000	TJ
河北省	Hebei Sheng	130000	HE
山西省	Shanxi Sheng	140000	SX
内蒙古自治区	Nei Mongol Zizhiqu	150000	NM
辽宁省	Liaoning Sheng	210000	LN
吉林省	Jilin Sheng	220000	JL
黑龙江省	Heilongjiang Sheng	230000	HL
上海市	Shanghai Shi	310000	SH
江苏省	Jiangsu Sheng	320000	JS
浙江省	Zhejiang Sheng	330000	ZJ

（续）

名称	罗马字母拼写	数字代码	字母代码
安徽省	Anhui Sheng	340000	AH
福建省	Fujian Sheng	350000	FJ
江西省	Jiangxi Sheng	360000	JX
山东省	Shandong Sheng	370000	SD
河南省	Henan Sheng	410000	HA
湖北省	Hubei Sheng	420000	HB
湖南省	Hunan Sheng	430000	HN
广东省	Guangdong Sheng	440000	GD
广西壮族自治区	Guangxi Zhuangzu Zizhiqu	450000	GX
海南省	Hainan Sheng	460000	HI
重庆市	Chongqing Shi	500000	CQ
四川省	Sichuan Sheng	510000	SC
贵州省	Guizhou Sheng	520000	GZ
云南省	Yunnan Sheng	530000	YN
西藏自治区	Xizang Zizhiqu	540000	XZ
陕西省	Shaanxi Sheng	610000	SN
甘肃省	Gansu Sheng	620000	GS
青海省	Qinghai Sheng	630000	QH
宁夏回族自治区	Ningxia Huizu Zizhiqu	640000	NX
新疆维吾尔自治区	Xinjiang Uygur Zizhiqu	650000	XJ
台湾	Taiwan Sheng	710000	TW
香港特别行政区	Hongkong Tebiexingzhengqu	810000	HK
澳门特别行政区	Macau Tebiexingzhengqu	820000	MO

第二层，中间两位代码为市级代码，表示市、地区、自治州、盟、直辖市所辖市辖区/县汇总码、省（自治区）直辖县级行政区划汇总码。

——01～20、51～70 表示市；01、02 还表示直辖市内的直辖区或直辖县的汇总码。

——21～50 表示地区、自治州、盟。

——90 表示省（自治区）直辖县级行政区划汇总码。

第三层，后两位代码为县级代码，表示县、自治县、县级市、旗、自治旗、市辖区、林区、特区。

——01～20、51～80 表示市辖区、地区（自治州、盟）辖县级市、市辖特区以及省（自治区）直辖县级行政区划中的县级市，01 一般不被市辖区使用。

——21～50 表示县、自治县、旗、自治旗、林区。

——81～99 表示省（自治区）辖县级市。

② 字母格式代码（简称字母码）。GB/T 2260—2007/XG1—2016 规定，行政区划字母码要遵循科学性、统一性、实用性的编码原则，参照县及县以上行政区划名称的罗马字母拼写，取相应的字母编制。具体操作如下：

——省、自治区、直辖市、特别行政区的字母码用 2 位大写字母表示。

——市、地区、自治州、盟、自治县、县级市、旗、自治旗、市辖区、林区、特区用 3 位大写字母表示。

市级和县级的代码表以上海市所辖区县为例，见表 2-4。

表 2-4 上海市（310000 SH）**代码表**

名称	罗马字母拼写	数字代码	字母代码
市辖区	Shixiaqu	310100	
黄浦区（新）	Huangpu Qu	310101	HGP
徐汇区	Xuhui Qu	310104	XHI
长宁区	Changning Qu	310105	CNQ
静安区（新）	Jing’an Qu	310106	JAQ
普陀区	Putuo Qu	310107	PTO
虹口区	Hongkou Qu	310109	HKQ
杨浦区	Yangpu Qu	310110	YPU
闵行区	Minhang Qu	310112	MHQ
宝山区	Baoshan Qu	310113	BSQ
嘉定区	Jiading Qu	310114	JDG
浦东新区	Pudong Xinqu	310115	PDX
金山区	Jinshan Qu	310116	JSH
松江区	Songjiang Qu	310117	SOJ
青浦区	Qingpu Qu	310118	QPU
奉贤区	Fengxian Qu	310120	FXI
崇明区	Chongming Qu	310151	CMI

(2) 产地县级以下行政区域代码　依据 GB/T 10114—2003《县级以下行政区划代码编制规则》，县级以下行政区域代码采用 2 层 9 位的层次码结构，县级以下行政区划代码见图 2-13。

第一层代表县级及县级以上行政区域代码，由 6 位数字组成；第二层表示县级以下行政区域代码——街道（地区）办事处、镇、乡代码，采用 3 位数字组成，具体划分为：

——001～099 表示街道（地区）；

——100～199 表示镇（民族镇）；

——200～399 表示乡、民族乡、苏木（苏木作为内蒙古自治区的基层行政区域单位，按乡来对待）。

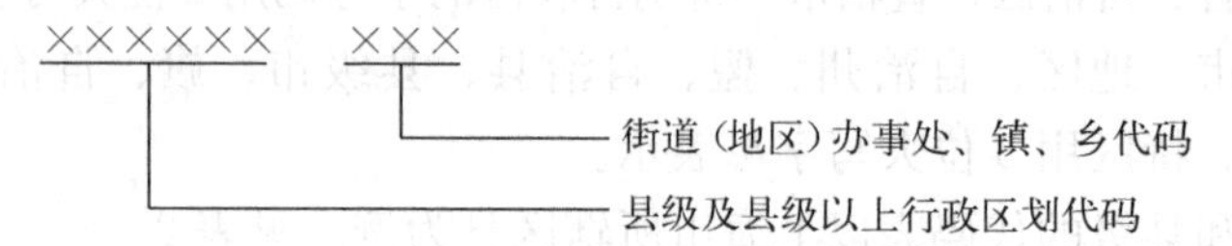

图 2-13　县级以下行政区域代码

注：1. 县级以下行政区划代码应按隶属关系和上述“001～399”代码所代表的区划类型，统一排序后进行编码；

2. 在编制县级以下行政区划代码时，当只表示县及县以上行政区划时，仍然采用 2 层 9 位的层次码结构，此时图中所示代码结构中的第 2 段应为 3 个数字 0，以保证代码长度的一致性。

县级以下行政区域代码表见表 2-5。

表 2-5　县级以下行政区域代码表

名称	代码
……	……
××市	××××00000
市辖区	××××01000
××区	××××××000
××街道（或地区）	××××××001
……	……
××镇（或民族镇）	××××××1××
……	……
××乡（或民族乡、苏木）	××××××2××
……	……
××市（县级）	××××××000
××街道	××××××001

（续）

名称	代码
……	……
××镇（或民族镇）	××××××1××
……	……
××乡（或民族乡、苏木）	××××××2××
……	……
××县	××××××000
××街道	××××××001
……	……
××镇（或民族镇）	××××××1××
……	……
××乡（或民族乡、苏木）	××××××2××
……	……

对于不属于行政区划范畴的政企合一单位（农场、林场、牧场等），当需要对其所在区域进行编码时，可参照 GB/T 10114—2003。第一层代表县级及县级以上行政区域代码，由 6 位数字组成；第二层表示该牧场或农场，在 001～399 以外采用 3 位数字。具体信息可在http：//www. mca. gov. cn/article/sj/（中华人民共和国民政部-民政数据-行政区划代码）查询。

（3）第 3～5 段代码

① 村代码。第 3 段为村代码，由所属乡镇进行编订。具体信息可在http：//www. mca. gov. cn/article/sj/（中华人民共和国民政部-民政数据-行政区划代码）查询。

② 农产品产地的分类代码。第 4 段为农产品产地属性代码，依据 GB/T 13923—2006《基础地理信息要素分类与代码》中规定的编码结构和要素分类，编码结构见表 2-6。

表 2-6 编码结构表

码位	类别
6 位编码	大类（1 位码）
	中类（1 位码）
	小类（2 位码）
	子类（2 位码）

③ 单元顺序码。第 5 段为单元顺序码，具体由其所属行政村编订。

（4）国有农场产地编码　NY/T 1761 中“5.2.2.2 产地编码”对国有农场产地编码方法有特殊规定，国有农场产地编码采用 31100＋全球贸易项目代码＋7 位地块（圈、舍、池或生产线）代码组成。地块（圈、舍、池或生产线）代码采用固定递增格式层次码，第 1 位和第 2 位代表管理区代码，第 3 位和第 4 位代表生产队代码，第 5 位～第 7 位代表地块顺序代码。

国有农场产地编码应由 14 位代码组成，国有农场产地编码结构见图 2－14。

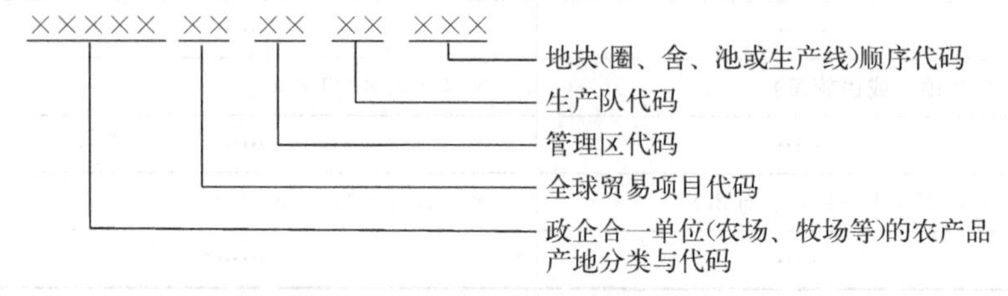

图 2－14　国有农场产地编码结构

养殖环节产地编码档案信息记录表见表 2－7。

表 2－7　产地编码档案信息记录表

行政区划代码	产地分类代码	养殖区域	养殖场编号	养殖者	养殖品种	养殖面积

2. 养殖者编码

养殖者（户、组）编码档案信息记录表见表 2－8。

表 2－8　养殖者（户、组）编码档案信息记录表

编码	姓名（户名、组名）	养殖区域	养殖面积	养殖品种

二、加工环节

【内容解读】

1. 收购批次编码

加工企业在收购原料时应对收购批次进行编码，并记录相关信息。当

每天仅有一个收购批次时，收购批次代码可用收购日期代码。当每天有多个收购批次时，应对不同批次进行编码；收购批次代码可由收购日期加批次组成，批次代码为数字。收购批次编码档案可使用汉字，其内容应至少包括以下信息：收购数量、原料来源、收购标准等。

2. 加工批次编码

加工企业在加工产品时应对加工批次进行编码，并记录相关信息。当每天仅有一个加工批次时，加工批次代码可用加工日期代码。当每天有多个加工批次时，应对不同批次进行编码；加工批次代码可由加工日期加批次组成，批次代码为数字。加工批次编码档案可使用汉字，其内容应至少包括以下信息：原料来源、加工品名称、加工工艺或代号、加工数量等。

3. 包装批次编码

加工企业在包装产品时应对包装批次进行编码，并记录相关信息。当每天仅有一个包装批次时，包装批次代码可用包装日期代码；当每天有多个包装批次时，应对不同批次进行编码。包装批次代码可由包装日期加批次组成，批次代码为数字。包装批次编码档案可使用汉字，其内容应至少包括以下信息：产品名称、产品检测结果、等级、包装数量等。

【实际操作】

1. 追溯信息编码

追溯信息编码是将编码对象赋予具有一定规律（代码段的含义、代码位置排列的顺序、代码的含义、校验码的计算都作出具体规定）、易于电子信息采集设备和人识别处理的符号。因此，农产品质量安全追溯信息编码的内容应包括代码表达的形式（数字或字母）、表示的方法（例如，校验码的计算、农业生产经营主体所用数字或字母的含义，应在工作制度中明确规定，以免误用）。

（1）追溯信息编码用途

① 对编码对象进行标识。追溯信息犹如“身份证”，编码与对象组成了一个唯一性的联系。

② 对编码对象进行分类。对编码对象进行分类后，便可从编码上看出其属于哪一类。例如，农业生产经营主体属于养殖还是加工；产地属于省级、市级或县级。

③ 对编码对象进行识别。确定编码对象的性质，尤其是用于农产品质量安全追溯。

因此，追溯信息编码是实施质量安全追溯的重要前提。追溯信息编码的成功与否直接关系到当前及今后的质量安全追溯。

（2）追溯信息编码原则

① 唯一性。一个代码仅表示一个对象，一个对象也只有一个代码。

② 合理性。代码结构应与生产实践相适应。

③ 可扩充性。代码应留有适当的后备容量，以适应不断扩充的需要。常用数位 0 作为后备代码，其他数字都可定义含义；而容量的大小取决于生产实践。例如，现有 5 种产品，产品代码用 1～5 表示；若企业考虑将产品增加到数 10 种，则产品代码段为 2 位，现有产品代码用 01～05。

④ 简明性。代码结构应尽量简单，长度尽量短，尤其是预留位宜少不宜多，便于信息录入，减少差错率，减少存储容量。

⑤ 适用性。代码尽可能反映编码对象的特征。例如，生产时间的代码取 6 位，分别用 2 位表示年、月、日，而不是 8 位（年用 4 位，月、日分别用 2 位）。但有的代码没有实际意义。

⑥ 规范性。编码时应按统一规定进行编码。参与国际贸易的，应用 EAN·UCC 系统；用于农产品质量安全追溯的，按农业农村部规定的编码结构实施。

（3）信息编码形式　追溯信息编码是农产品质量安全追溯信息查询的唯一代码。当农业生产经营主体完成生产时，必须同时完成农产品质量安全追溯信息编码。农产品质量安全追溯信息代码可由产业链中各工艺段的代码组合而最终形成；也可以无工艺段代码，形成最终追溯产品时一次形成。其形式有以下 3 种：

① 采用 GB/T 16986—2018《商品条码　应用标识符》中 EAN·UCC 系统应用标识符。应用标识符是标识数据含义与格式的符号。例如，全球贸易项目代码用 AI（01）表示；格式 N2+N14 表示标识符中有 2 位数字，即 01；代码有 14 位数字，由农业生产经营主体自定；数据段名称为 GTIN（Global Trade Item Number 的简称，即全球贸易项目代码）。EAN·UCC 应用标识符的含义、格式及数据名称，见表 2-9。

表 2-9　EAN·UCC 应用标识符的含义、格式及数据名称

AI	含义	格式	数据名称
00	系列货运包装箱代码	N2+N18	SSCC
01	全球贸易项目代码	N2+N14	GTIN
02	物流单元内贸易项目的 GTIN	N2+N14	CONTENT
10	批号	N2+X...20	BATCH/LOT
11	生产日期（YYMMDD）	N2+N6	PROD DATE

（续）

AI	含义	格式	数据名称
13	包装日期（YYMMDD）	N2+N6	PACK DATE
17	有效期（YYMMDD）	N2+N6	USE BY 或 EXPIRY
241	客户方代码	N3+X...30	CUST. PART NO.
410	交货地全球位置码	N3+N13	SHIP TO LOC
412	供货方全球位置码	N3+N13	PURCHASE FROM
422	贸易项目原产国（地区）	N3+N3	ORIGIN
423	贸易项目初始加工国家（地区）	N3+N3+N...12	COUNTRY - INITIAL PROCESS
424	贸易项目加工国家（地区）	N3+N3	COUNTRY—PROCESS
426	全程加工贸易专案的国家（地区）	N3+N3	COUNTRY—FULL PROCESS
7002	胴体肉与分割产品分类	N4+X...30	MEAT CUT
8008	产品生产日期与时间	N4+N8+N...4	PROD TIME
91～99	公司内部信息	N2+X...90	INTERNAL

注：N 为数字字符，X 为字母、数字字符。

② 以批次编码作为农产品质量安全追溯信息编码。

③ 农业生产经营主体自定义的追溯信息编码，如二维码。

2. 校验码的计算方法

校验码位于追溯码的最后一位，它的作用是检验追溯码中各个代码是否准确，即用各个代码的不同权数加和及与 10 的倍数相减，获得一位数字。农业生产经营主体自行完成或请编码公司完成的编码，都应将校验码计算的软件应用到标签打印机中。校验码的计算如下：

（1）确定代码位置序号 代码位置序号是包括校验码在内的，从右向左的顺序号。因此，校验码的序号为 1。

（2）计算校验码 按以下步骤计算校验码：

① 从代码位置序号 2 开始，所有偶数位数字代码求和。

② 将以上偶数位数字代码的和乘以 3。

③ 从代码位置序号 3 开始，所有奇数位数字代码求和。

④ 将偶数位数字代码和乘以 3 的乘积与奇数位数字代码和相加。

⑤ 用大于或等于④中得出的相加数、且为 10 最小整数倍的数减去该相加数，即校验码数值。

校验码计算示例见表 2－10。

表 2-10　校验码计算示例

<table>
<tr><th>计算步骤</th><th colspan="14">举例说明</th></tr>
<tr><td rowspan="2">从右向左顺序编号</td><td>位置序号</td><td>13</td><td>12</td><td>11</td><td>10</td><td>9</td><td>8</td><td>7</td><td>6</td><td>5</td><td>4</td><td>3</td><td>2</td><td>1</td></tr>
<tr><td>代码</td><td>6</td><td>9</td><td>0</td><td>1</td><td>2</td><td>3</td><td>4</td><td>5</td><td>6</td><td>7</td><td>8</td><td>9</td><td>X</td></tr>
<tr><td>从序号 2 开始，所有偶数位数字代码求和</td><td colspan="14">9+7+5+3+1+9=34</td></tr>
<tr><td>偶数位数字代码的和乘以 3</td><td colspan="14">34×3=102</td></tr>
<tr><td>从序号 3 开始，所有奇数位数字代码求和</td><td colspan="14">8+6+4+2+0+6=26</td></tr>
<tr><td>将偶数位数字代码和乘以 3 的乘积与奇数位数字代码和相加</td><td colspan="14">102+26=128</td></tr>
<tr><td>用大于或等于步骤④中得出的相加数、且为 10 最小整数倍的数减去该相加数，即校验码数值</td><td colspan="14">130−128=2，即 X=2</td></tr>
</table>

3. 产品代码

产品代码是追溯码中重要组成部分，可采用 2 位数字码。即使产品品种不满 10 个，为了考虑今后品种的增加，可设立 2 位数字码；个位数字是现行产品品种代码，十位数字为“0”，作为预留品种代码。

（1）产品代码编制原则

① 唯一性原则。对同一商品项目的产品应给予相同的产品标识代码。基本特征（主要包括商品名称、商标、种类、规格、数量、包装类型等）相同的商品视为同一商品项目。对不同商品项目的产品应给予不同的产品标识代码。

② 无含义性原则。产品代码中的每一位数字不表示任何与商品有关的特定信息。

③ 稳定性原则。产品代码一旦被分配，只要产品基本特征没变化，就应保持不变。

（2）蛋与蛋制品代码　依据 GB/T 7635.1—2002《全国主要产品分类与代码　第 1 部分：可运输产品》，蛋与蛋制品分类代码见表 2-11。

表 2－11 蛋与蛋制品分类代码

代码	产品名称	说明
0292	新鲜的、保藏的或煮过的带壳禽蛋	去壳禽蛋及其制品入代码 23993
02921	新鲜的带壳禽蛋	
02921・011	鸡蛋	
02921・012	鸭蛋	
02921・013	乌鸡蛋	
02921・014	鹌鹑蛋	
02921・015	鹅蛋	
02921・016	鸽蛋	
02921・017	火鸡蛋	
02921・018	鸵鸟蛋	
02922	保藏的或煮过的带壳禽蛋	
02922・010 ～・199	冷藏的带壳禽蛋	
02922・011	冷藏的鸡蛋	
02922・012	冷藏的鸭蛋	
02922・013	冷藏的鹌鹑蛋	
02922・014	冷藏的鹅蛋	
02922・200 ～・399	再制带壳禽蛋	
02922・201	松花鸡蛋	
02922・202	松花鸭蛋	
02922・203	松花鹌鹑蛋	
02922・204	咸鸡蛋	
02922・205	咸鸭蛋	
02922・206	咸鹅蛋	
02922・207	糟鸡蛋	
02922・208	糟鸭蛋	
02922・400 ～・599	煮过的带壳禽蛋	
23993	新鲜的或保藏的去壳禽蛋和蛋黄及其制品；卵清蛋白	新鲜的、保藏的（包括再制的带壳禽蛋）或煮过的带壳禽蛋入代码 0292；乳白蛋白和其他白蛋白入代码 3542

（续）

代码	产品名称	说明
23993·010～·199	新鲜的或保藏的去壳禽蛋和蛋黄及其制品	
23993·011	全蛋粉	包括巴氏杀菌鸡全蛋粉
23993·012	蛋黄粉	包括鸡蛋黄粉
23993·013	蛋白粉	包括鸡蛋白粉
23993·014	蛋白片	
23993·015	蛋黄酱	
23993·016	冰全蛋	包括冰鸡全蛋
23993·017	冰蛋黄	包括冰鸡蛋黄
23993·018	冰蛋白	包括冰鸡蛋白
23993·021	卵清蛋白	包括干的卵清蛋白

三、储藏环节

【内容解读】

1. 储藏设施编码

加工企业应对不同储藏设施进行编码，储藏设施可采用数字码，储藏设施编码档案可使用汉字，其内容应至少包括以下信息：位置、冷藏或冷冻温度、相对湿度、环境卫生安全等。例如，成品库设为4个分区，应按照分区位置进行编码。

2. 储藏批次编码

加工企业在储藏产品时应对储藏批次进行编码，并记录相关信息。当每天仅有一个储藏批次时，储藏批次代码可用包装日期代码；当每天有多个储藏批次时，应对不同批次进行编码，储藏批次代码可由储藏日期加批次组成，批次代码为数字。储藏批次编码档案可使用汉字，其内容应至少包括入库产品来自的运输批次或逐件记录。

3. 运输设施编码

加工企业应对不同运输设施进行编码，运输设施可采用数字码，运输设施编码档案可使用汉字；其内容应至少包括以下信息：车厢（或船舶）冷藏或冷冻温度、运输时间、环境卫生安全。

4. 运输批次编码

加工企业在运输产品时应对运输批次进行编码，并记录相关信息。当每天仅有一个运输批次时，运输批次代码可用运输日期代码；当每天有多个运输批次时，应对不同批次进行编码，运输批次代码可由运输日期加批次组成，批次代码为数字。运输批次编码档案可使用汉字，其内容应至少包括以下信息：运输产品来自的存储设施、包装批次、逐件记录。

四、销售环节

（一）出库批次编码

【内容解读】

加工企业在产品出库时应对出库批次进行编码，并记录相关信息。当每天仅有一个出库批次时，出库批次代码可用出库日期代码；当每天有多个出库批次时，应对不同批次进行编码，出库批次代码可由出库日期加批次组成，批次代码为数字。出库批次编码档案可使用汉字，其内容应至少包括以下信息：库房号、库房温度、出库数量和时间、卫生条件等。除此以外应有责任人。

【实际操作】

出库批次编码档案信息记录表见表 2 - 12。

表 2 - 12 出库批次编码档案信息记录表

出库日期	批次号	库房号	产品名称	温度	数量	卫生条件	提货人	负责人

（二）销售编码

【内容解读】

销售编码的执行主体是生产者或销售者。编写方式有以下 2 种：

1. 企业编码的预留代码位加入销售代码

生产者编写销售代码时，可在完成生产后由蛋与蛋制品生产经营主体的销售部门编写。具体实施方案是：可在 NY/T 1761 提到的“国内贸易追溯码”5个代码段——农业生产经营者主体代码、产品代码、产地代码、批次代码、校验码中，将销售者代码编入“农业生产经营者主体代码”的预留代码位中，位于生产者之后。也就是说，农业生产经营者主体代码是由生产和销售两个主体组成。

销售代码采用数字码为宜。预留代码位数由销售者数量决定，预留1位可编入9个销售者，预留2位可编入99个销售者。销售代码可表示销售地区或销售者。若销售者为批发商，则销售代码可表示销售者；若销售者为相对固定的批发商或零售商（如生产企业的直销店），则销售代码可表示销售者；若销售者为相对不固定的零售商，则销售代码可表示销售地区。无论表示销售地区或销售者，都应在质量安全追溯工作规范中表明代码的销售地区或销售者具体名称，以规范工作，实施可追溯，同时也可防止假冒。当销售代码含义改变，由原来销售地区或销售者改为另一个时，必须修改原质量安全追溯工作规范中的代码含义。修改销售代码含义不会影响可追溯，因有批次代码配合。

销售编码是追溯码中最后需确定的代码，销售编码完成后通过校验码的软件计算确定校验码，整个追溯码即完成。追溯码可委托编码公司或农业生产经营者主体自行完成。

2. 在企业编码外标出销售代码

生产企业完成追溯码时，产品储存在产品库待销。若遇到临时的批发商或零售商提货时，则销售者可在追溯码外标注销售代码表示销售者，同时保留原追溯码反映生产者。

同样，生产企业应在销售记录中表明该产品销售的去向信息，以规范工作，实施可追溯，同时也可防止假冒。

【实际操作】

可依据GB/T 7635.2—2002《全国主要产品分类与代码　第2部分：不可运输产品》，确定有关蛋与蛋制品类农产品销售的服务业代码，见表2-13。

表2-13　服务业代码

代码	服务业
61122	乳制品、禽蛋和食用油脂的批发业服务
61222	在收费或合同基础上的乳制品、禽蛋和食用油脂的批发业服务
62122	非专卖店零售乳制品、禽蛋和食用油脂提供的服务

例如，将鸡蛋销售给某批发商，可在生产者的追溯码后另行附代码61122；若有固定合同的批发商，则可在生产者的追溯码后另行附代码61222；若销售给零售商，可在生产者的追溯码后另行附代码61222。

第五节 追溯精度

一、鲜蛋

【标准原文】

6.1 鲜蛋

追溯精度宜确定为栋舍或批次。当追溯精度不能确定为栋舍或批次时，可根据生产实际确定为生产者（或生产者组）。

【内容解读】

蛋与蛋制品生产企业的追溯精度以其生产环节确定为栋舍或批次。但当生产环节由生产者负责或承包时，尤其在生产者为蛋禽养殖场的情况下，生产者负责和操作整个生产过程，包括栋舍的饲养和批次禽蛋的处理，且所产鲜蛋处于一致的技术条件和管理模式，则追溯精度为生产者。此时，若生产者为多个个体，则可为生产者组。

二、蛋制品

【标准原文】

6.2 蛋制品

追溯精度宜以批次为追溯精度。

——同一批次鲜蛋加工生产出若干批次产品时，以鲜蛋批次为追溯精度；

——若干批次鲜蛋加工生产出一个批次产品时，以加工批次为追溯精度。

【内容解读】

当蛋制品加工厂具有蛋禽养殖场、自产鲜蛋，则应以栋舍或栋舍组为追溯精度。若蛋制品加工厂的生产能力较大，其产品批次来自多个栋舍的鲜蛋，则可以批次为追溯精度。若蛋制品加工厂由个人负责或承包，则可以生产者或生产者组为追溯精度。

当蛋制品加工厂不具有蛋禽养殖场，外购鲜蛋实行加工，则应以收购批次为追溯精度。若蛋制品加工厂的生产能力较大，一个产品批次包含若干个收购批次，则应以产品批次为追溯精度；但要求不同收购批次的鲜蛋具有相同的技术条件和管理模式，以确保一致的质量安全水平。

第六节　信息采集

追溯信息、信息采集点以及信息采集方式是解读后续内容的基础。因此，在解读信息采集之前，先对其进行释义。信息的规范、完整、真实、准确是保证质量安全追溯顺利进行的基本条件，信息记录以及电子信息录入的要求将在本节一一展开叙述。

一、信息采集要求

【标准原文】

7.1　信息采集要求

信息采集应真实、及时、规范。信息应以表格形式记录，表格中不留空项，空项应填“—”；上、下栏信息内容相同时不应用“··”，应填“同上”或具体内容；更改方法不用涂改，应用杠改。上、下环节之间应具有唯一性对接信息。

示例：兽药使用表中列入通用名、生产企业、产品批次号（或生产日期），能与兽药购入表唯一性对接。

【内容解读】

1. 信息采集方式

(1) 纸质记录　农业生产经营主体设计的纸质记录应为表格形式，以便于内容规范，易于录入计算机等电子信息采集设备。该表格的形式应符合 GB/T 1.1—2020《标准化工作导则　第1部分：标准化文件的结构和起草规则》的规定，具有表题、表头，所列内容齐全。

(2) 电子记录　采用计算机或移动数据终端等采集信息，该信息通过局域网或移动数据终端传输。电子记录应及时备份，以免信息丢失或篡改；还应打印成纸质形式，由责任人签字后备案。

2. 信息记录

(1) 纸质记录要求

① 真实、全面。

（a）记录内容与生产活动一致。不应不记、少记、乱记农事活动及投入品使用情况。

（b）记录人真实。由实际当事人记录并签名，不同部门的记录人不可代签名。

（c）记录时间真实。应真实反映农事活动发生的时间。

（d）记录所有应该记录的信息。包括上述的环节信息、责任信息和要素信息。

② 规范、及时。

（a）格式化。首先，表题确切。每个表都应有一个表题，标明表的主题，如“兽药使用信息表”。加入时间和环节信息则更好，如“2020年第一车间兽药使用信息表”，便于归档，以免繁琐地在表内或表下重复写入时间和环节信息。

其次，表头包含全部信息项目。各项内容不重复、不遗漏；信息项目包括环节信息，生产链始端的环节应符合追溯精度，生产链终端的环节（如销售记录）应符合追溯深度（如销售商或批发商）；要素信息包括工艺条件、投入品、检验结果等；责任信息包括时间、地点、责任人。

环节信息和时间信息的年份可列于表题，表头仅涉及日期，对于需要数天才完成的农事，应列出时间的起始。责任人可列于表头或表下。

最后，表头项目所有量值单位应是法定计量单位。单位应具体，同一项目的单位应一致，如 m^2（平方米）、mL（毫升）、g（克）。

（b）记录清晰、持久。用不褪色笔，字迹清晰，每栏均需记录（若无内容，则记“无”），用杠改法修改（用单线或双线划在原记录内容上，且能显示原内容，修改人签字或盖章以示负责）。只要记录人负责，这样的记录不会被任何人篡改。

（c）生成追溯码前应将所有纸质记录及时上传。

（d）追溯产品投放市场前所有纸质和电子记录要齐全。

（2）电子记录录入要求

① 录入及时性。信息录入人员收到纸质记录后，应及时录入计算机，确保产品上市前信息录入完毕。

② 录入准确性。准确地将纸质记录录入计算机等电子信息录入设备，并确保电子信息与纸质信息一致。若录入人员发现纸质信息有误，应通知纸质记录人员按杠改法修改，计算机操作人员无权修改纸质记录。

3. 可追溯

每个环节信息应包含上游环节（可用名称或代码）的部分信息（如兽药使用记录的通用名、生产商名称、批次号或生产日期），可唯一性地追溯到上游（药品库或供货商），否则无法实施可追溯。

二、信息采集点设置

【标准原文】

7.2 信息采集点设置

应在饲料制造或采购、蛋禽养殖、鲜蛋收购、鲜蛋加工、产品检验、产品包装、产品储运、产品销售等环节设置信息采集点。

【内容解读】

1. 合理设置信息采集点的方法

（1）在质量安全追溯的各个环节上设置信息采集点 饲养场的信息采集点一般在养殖环节的养殖、涂膜、检验、储运销售环节设置4个信息采集点，也可细分为饲料、饲养、卫生、防疫、兽医、兽药6个信息采集点。蛋制品生产企业在鲜蛋收购、打蛋、过滤、杀灭菌、检验、包装、储运销售环节设置7个信息采集点。若具有自有牧场，则包括饲养场除储运销售的3个环节，共设置10个信息采集点。

（2）依据追溯精度保留或合并多个信息采集点 例如，养殖场有3个鲜蛋仓库，每个仓库收集一定数量的栋舍组鲜蛋；当栋舍组为追溯精度，则每个栋舍组设置1个信息采集点。若蛋制品加工企业每天收集这养殖场的3个鲜蛋仓库的鲜蛋，则追溯精度为鲜蛋批次。若蛋制品加工企业的产品批次包括3个鲜蛋仓库的鲜蛋，则1个产品批次作为追溯精度，从而合并成1个信息采集点，但要求该追溯精度内的各栋舍饲养条件和管理模式一致。

（3）若同一环节内的要素信息有不同责任主体，则除了以上环节信息采集点外，还应在环节中设置要素信息采集点 例如，养殖环节中兽药使用和兽药采购不是由同一部门或个人负责，由专门的兽药采购部门负责，则应设置兽药采购信息采集点和兽药使用信息采集点。

（4）若某工艺段同时可设为环节信息采集点和要素信息采集点，则仅设一个信息采集点 例如，鲜蛋收购环节还必须记录要素信息鲜蛋质量，则仅设一个信息采集点。若不记录鲜蛋质量，则鲜蛋收购环节和鲜蛋检验环节不可合并。

2. 设置信息采集点时的注意事项

（1）与质量安全无关的工艺段，不设信息采集点 例如，蛋制品生产企业的打蛋工艺段，其控制的鲜蛋中杂质已在蛋制品检验环节解决；过滤环节的鲜蛋组织状态由杀灭菌环节解决。因此，两个环节可不设置信息采

集点。

(2) 一台计算机可用于若干信息采集点 多个信息采集点的纸质记录，可利用一台计算机进行录入，即计算机数量可以少于信息采集点数量。

(3) 信息采集点不应多设，也不应漏设 多设会使信息采集繁琐，漏设会使信息缺失、断链乃至质量追溯无法进行。

(4) 同一质量安全项可发生在数个工艺段上，应设数个信息采集点 例如，蛋制品中兽药残留可发生在养殖、检验两个工艺段，这两个工艺段都应设置信息采集点，并分别记录养殖用兽药报告和检验中的兽药残留项目，以便追溯责任主体。

三、信息采集内容

(一) 饲料制造或采购

【标准原文】

7.3 信息采集内容

7.3.1 饲料制造或采购

7.3.1.1 自制饲料

应采集饲料原料和饲料添加剂的通用名、来源、批次号、用量等信息。生产经营主体种植的饲料原料还应采集农药来源、通用名、生产企业、产品批次号（或生产日期）、稀释倍数、施用量、施用方式、使用频率和日期、安全间隔期等信息。

7.3.1.2 外购饲料

应采集饲料来源、饲料添加剂来源、通用名、生产企业、生产许可证号、批准文号、产品批次号（或生产日期）、购入日期、保管人等信息。

【内容解读】

每项社会活动依据其所要达到的目的来采集信息。农产品质量安全追溯的目的是实现产品的可追溯性，以便产品发生质量安全问题时，根据追溯信息确定问题来源、原因及责任主体。因此，它有独特的信息要求，而不同于普通的企业管理。追溯信息主要分为环节信息、责任信息和要素信息 3 种，生产经营主体在实施质量安全追溯前应先明确其要求。

1. 环节信息

所谓环节，指在农产品生产加工流通过程中物态场所相对稳定、生产工艺条件相对固定、责任主体相对明确的一个组织。这是划分环节的原则，每个生产经营主体可以有所不同。蛋制品生产企业的生产环节可以分为饲养、涂膜、检验、收购、打蛋、过滤、杀灭菌、检验、包装、储运销售10个环节。饲养生产环节包括饲料、饲养、卫生、防疫、兽医和兽药6个环节。蛋制品储运销售包括储存、运输和销售3个环节。

环节信息在纸质记录上应确切写明环节及其上一环节的名称或代码（该代码应在管理文件中注明其含义）。例如，一个蛋制品加工企业与4个养殖场签订鲜蛋收购协议，一个鲜蛋仓库储存4个养殖场的鲜蛋，每个养殖场有30个栋舍，均按要求实施相同的养殖方式，则该蛋制品加工企业的鲜蛋收购环节组成4×30=120个鲜蛋供应的栋舍环节。编码第1养殖场的第3个栋舍时，电子信息代码可编码为103。

在电子信息中环节由一个或多个组件构成。以上所述120个环节，可组成120个组件。

2. 责任信息

责任信息是指能界定质量安全问题发生原因以外的信息，即记录信息的时间、地点和责任人。

纸质记录信息的时间应尽量接近于农事活动的时间且准确记录，这就要求农事活动结束后能够及时准确地记录；同时，纸质记录也应及时且准确地录入追溯系统。这样，电子信息反映的就是真实的农事活动。鉴于农事活动的特殊性，纸质记录最迟也应于产品销售前全部录入追溯系统，否则会造成误差。例如，兽药使用的休药期，纸质记录和电子记录应及时且相同；信息传输到涂膜环节时，收集鲜蛋前应确定是否在休药期内，以免造成兽药残留的质量安全问题。

地点是指记录地点。一般来说，记录地点与环节名称一致，在纸质记录上应明确环节名称。

责任人是指进行纸质信息记录的人员和电子信息的录入人员。在记录外购生产投入品时，应记录供应方的信息，以表示其责任。例如，外购兽药应记录供应方的生产许可证号、批准文号（若进口兽药，则为进口兽药注册证号）、产品批次号或生产日期。若生产经营主体购买没有生产许可证号的非法厂商兽药且造成质量安全事故，则该厂商承担非法生产责任，生产经营主体承担购买非法产品的责任。批准文号表明某兽药仅适用于家禽，或具体到家禽品种；购买或使用了其他禽类或畜类兽药，且造成质量安全事故，则生产经营主体承担责任。产品批次号或生产日期界定了该兽药是兽药生产厂商生产的哪一批次或哪一天生产的；以便由有资质的检验机构确定该批次或该天生产的兽药有无质量问题，而不是让检验机构检验

生产的全部兽药产品。因此，生产许可证号、批准文号（若进口兽药，则为进口兽药注册证号）、产品批次号或生产日期是外购兽药的不可或缺的责任信息。

3. 要素信息

要素信息是指国家法律法规要求强制记录的信息以及影响追溯产品质量安全的信息。

依据国家有关法律规定确定要素信息。以兽药为例，《兽药管理条例》2020 版及农业部第 278 号公告规定，使用兽药的养殖场应建立购买记录和用药记录，购买记录的要素信息包括通用名称、剂型、休药期、有效期等。用药记录包括通用名称、剂型、稀释倍数、使用量、使用方式、休药期和不良反应。如实记录兽药使用的时间、地点、对象、名称、用量、生产企业等。这些内容都影响到禽蛋的兽药残留问题。

（1）自制饲料　饲料由两部分组成，即饲料原料和饲料添加剂。自制饲料中的饲料原料是自行种植，影响其质量安全的是农残，因此需要记录农药购入和使用的信息。购入记录包括通用名、生产企业、生产许可证号、登记证号、产品批次号（或生产日期）、剂型、安全间隔期等。使用记录包括通用名、生产企业、产品批次号（或生产日期）、剂型、有效成分及含量、稀释倍数、使用量、使用方式、使用频率和日期、安全间隔期等。若一个部门既购入又使用，则记录合并，制成一张表格。

饲料添加剂是外购的，除记录购入信息通用名、生产企业、生产许可证号、批准文号、产品批次号（或生产日期）外，还需记录混配配方。

（2）外购饲料　外购饲料需记录饲料名称、生产企业、生产许可证号、批准文号、产品批次号（或生产日期）、购入日期、有效期。若混配饲料中有饲料添加剂，则增加记录相应内容。

【实际操作】

1. 饲料

饲料是蛋禽的营养来源，直接影响其生产性能。

（1）饲料分类　我国采用如下传统的国际饲料分类。

① 粗饲料。干物质中粗纤维含量不低于 18%的风干形式，包括干草（豆科干草、禾本科干草、野杂干草等）、秸秆（豆科秸秆、禾本科秸秆）、秕壳（种子外壳、荚皮等）。干草的营养价值和适口性都较好；秸秆的适口性较好，营养价值较差；秕壳的适口性较差，营养价值较好。

② 青绿饲料。水分大于 45%的新鲜牧草，包括草原天然牧草、野菜，以及未成熟的谷物植株、水生植物等栽培牧草，营养价值和适口性都

较好。

③ 青贮饲料。通过控制高水分饲料的发酵作用，繁殖乳酸菌，抑制有害微生物，得到的可长期存放的饲料。为促使发酵可加入培养基，如喷洒糖渣液；也可加入抑制有害微生物的甲酸。青贮饲料的常见品种为青贮玉米、青贮黑麦草和青贮紫云英等。青贮饲料的优点除了能长期保存外，还具有良好的适口性，可增加动物采食量；但氮利用率常低于同源的青绿饲料和干草。

④ 能量饲料。粗纤维低于18%且粗蛋白低于20%的饲料。包括谷物类的玉米、大米、小麦、大麦等；谷物加工副产品类的米糠、麦麸等；脱水块根、块茎瓜果类的胡萝卜、甘薯、木薯和各种残次果等；动植物油脂类的不合格动物胴体和内脏油脂、菜籽油、棉籽油和工业合成油脂（如矿物油、石油裂解烃、肥皂生产的脂肪酸副产品等）。

⑤ 蛋白质饲料。粗纤维低于18%且粗蛋白不低于20%的饲料。由于蛋白质含量高，因此这类饲料均为加工饲料。它分成以下5类：

(a) 饼粕类饲料。油料作物榨油后压制成饼状的称油饼；油料作物经溶剂提取油脂后呈片状或颗粒状的称油粕。常见的有大豆饼粕、花生饼粕、芝麻饼粕、菜籽饼粕和棉仁饼粕。

(b) 动物性蛋白质饲料。由动物组织加工成的高蛋白质饲料，其中含有丰富的微量元素和维生素。常见的有鱼粉（蛋白质可高达40%）、肉粉和肉骨粉（包括内脏、脂肪，但不包括血、皮、毛、蹄、角）、血粉、水解羽毛粉。

(c) 微生物蛋白质饲料。常见的有淀粉加工废液或造纸木材水解液培养的酵母粉、酒糟固体发酵的酵母粉。

(d) 人工合成含氮物质。常见的有饲料氨基酸（主要是赖氨酸、蛋氨酸）、尿素、缩二脲等。

(e) 其他加工副产品。例如，玉米蛋白粉、啤酒糟等。

⑥ 矿物质饲料。包括天然和人工合成的含不同元素的饲料。例如，作为钙源的石灰石、碳酸钙、石膏等，作为磷源的磷灰石、磷酸钙、磷酸钠等，作为钠氯源的原盐、食盐等，作为镁源的菱镁矿、氧化镁、硫酸镁等。

⑦ 维生素饲料。包括各种工业维生素制品，即在维生素中加入抗氧化剂、稳定剂和载体后制成的粒状维生素饲料。

⑧ 饲料添加剂。饲料添加剂的作用是强化饲料营养价值（如维生素类、矿物质类饲料添加剂）；改善适口性（如着色剂）；提高摄入量（如诱食剂）；保护饲料中营养物质（如防腐剂），避免储运期损失（如抗氧化

剂）；提高饲料中营养物质的吸收率（如饲料氨基酸类）；促进动物生长发育（如促生长剂）；预防疾病（如抗生素）等。因此，饲料添加剂可分为以下 4 类：

（a）抗生素类。包括大环内酯类的螺旋霉素、泰乐霉素、林可霉素、红霉素等；多肽类的恩拉霉素、灰霉素、高杆霉素等；含磷多糖类的黄霉素、大炭霉素、魁北霉素等；聚醚类的盐霉素、莫能霉素、拉沙里霉素；四环素类的四环素、土霉素、金霉素等；氨基糖苷类的越霉素 A、潮霉素 B 等；其他有磺胺类和咪唑类等。

（b）酶制剂。包括纤维素酶、半纤维素酶、葡聚糖酶、果胶酶等。

（c）益生菌。包括乳酸杆菌、双歧杆菌、酵母菌和芽孢杆菌等。

（d）其他。畜禽饲料中有适用于单胃动物的延胡索酸、柠檬酸；适用于反刍动物的异戊酸、异丁酸等；驱虫剂类的氨丙啉、球痢灵等；防腐剂类的苯甲酸、山梨酸和丙酸及其盐；着色剂类的叶黄素、胡萝卜素、类胡萝卜素等。

（2）配合饲料　配合饲料可提高饲料的利用效率，其分类法甚多，如从形状分为粉状、粒状、膨化状、液体等。但是，更科学实用的分类法是按营养成分分为以下 4 类：

① 全价配合饲料。除水分外可满足动物全部营养需要。

② 精料补充料。饲料中除粗饲料、青绿饲料、青贮饲料外，其他均称为精饲料。它们以一定比例混合组成混合精料，饲喂时可用于补充粗饲料、青绿饲料、青贮饲料，因而称为精料补充料。精料补充料与粗饲料、青绿饲料或青贮饲料混合使用，可满足动物全部营养需要。

③ 添加剂预混料。由一种或多种饲料添加剂，与载体或稀释剂按一定比例配制而成，它不能直接饲喂，而作为混合饲料的一部分。

④ 浓缩饲料。由蛋白质饲料、矿物质饲料和添加剂预混料按一定比例配制而成，它不能直接饲喂，须添加能量饲料配制成全价配合饲料。

（3）饲料储存　饲料收获后经过储存才饲喂动物，储存期长短不一，储存条件各地不同。储存期发生污染使饲料营养价值下降，甚至产生毒素，危及动物和消费者健康，应引起充分注意，采取以下措施：

① 饲料避免阳光直晒，饲料库应通风良好，双层库顶，防止库内温度过高；

② 饲料库保持干燥，堆放应离墙，地面有垫板，堆层不应太高，防止湿度过高；

③ 入库前经室外晾干，苜蓿切段后应捆绑紧实，尽量挤出茎内水分，防止霉变；

④ 可喷施糖渣液等加快乳酸菌繁殖，喷施甲酸等抑制有害微生物，防止饲料腐败。

上述内容解读的要素信息连同环节信息和责任信息制成饲料购买和使用登记表，如表 2-14。

表 2-14 饲料采购及使用信息

序号	环节	采集点	通用名	生产商名称	生产许可证号	批准文号	产品批次号（或生产日期）	购买数量（t 或 kg）及日期	保管人	投饲量（kg）	投饲方式	投饲时间	使用人	备注

记录时应注意如下：

——饲料原料和饲料添加剂来源应注明生产商名称，同时应注明生产许可证号、批准文号（标明我国法律和行政管理部门允许生产）、产品批号（标明批次，便于追溯）；

——通用名应注明饲料名称及其成分名称；

——购入日期便于确定投饲顺序，先购入先投饲，后购入后投饲；

——保管人实名记录；

——投饲量和投饲方式便于核实产蛋量；

——投饲时间或使用起止日期便于核实饲料存放时间长短，以免霉变。

2. 农药

农药可在饲料种植环节使用。农药的作用为防治虫、菌、草、鼠害，分别有杀虫剂、杀菌剂、除草剂、杀鼠剂；用于调节植物生长发育的，有植物生长调节剂。农药使用应合理安全，遵循以下原则：

① 不使用禁用农药；

② 要求用药少、效果好，避免盲目使用、超范围使用、超剂量使用，应预防为主、治理为辅、科学用药；

③ 避免单一农药不合理地多次重复使用，避免和延缓虫、菌产生抗药性，可多种农药混合使用；

④ 应在安全间隔期（最后一次用药距收获的天数）后收割饲料。安全间隔期取决于农药品种、有效成分含量、剂型、稀释倍数、用药量、用药方式等，少则 1 d 多则 45 d，应参照 GB 8321《农药合理使用准则》及其他有关规定；

⑤ 应使用科学用药方式，对饲料和用药人员无药害。

上述内容解读的要素信息连同环节信息和责任信息制成农药购买和使

用登记表，如表2-15。

表2-15 农药采购及使用信息

序号	环节	采集点（饲料种植地块编号）	通用名	生产商名称	生产许可证号	登记证号	产品批次号（或生产日期）	剂型	有效成分及其含量	购买数量（t或kg）及日期	保管人	稀释倍数	使用量（kg）	使用方式	安全间隔期	使用人

记录时应注意如下：

——通用名指农药登记时的名称，包括标准使用的名称。由于，同一种农药会出现多个商品名称，不规范，不利于核实农药使用的合法性，不利于质量追溯；因此，不能使用生产厂商使用的商品名。对仅注明商品名的农药，应让生产企业或销售商提供通用名。

——生产商名称和生产许可证号可用于核实该生产商是否为我国法律和行政管理部门允许生产的合法企业。

——登记证号或临时登记证号标明法律和行政管理部门允许使用该农药的饲料品种，可核实该农药是否适用于所用的饲料。

——产品批次号（或生产日期）的记录便于追溯生产商的具体农药批次。

——剂型作为使用依据之一，不同剂型的同种农药有不同残留程度。例如，乳油剂不易降解，残留时间长；而水剂易降解，残留时间短。

——有效成分及含量表明该农药的使用效果。复配农药应注明每种农药的含量。

——购入日期便于核实是否保质期内使用。

——领用人应实名记录。

——稀释倍数、使用量、使用方式、使用频率和日期、安全间隔期的记录可核实是否符合国家有关使用规定。

（二）兽药采购

【标准原文】

7.3.2 兽药采购

应采集兽药来源、通用名、生产企业、生产许可证号、批准文号（进口兽药为注册证号）、产品批次号（或生产日期）、休药期、购入日期等信息。

注：疫苗、消毒剂、诊断制品属于兽药，但不记录休药期。

【内容解读】

通用名，即兽药登记时的名称，包括标准使用的名称。由于，同一种兽药会出现多个商品名称，不规范，不利于核实兽药的合法性，不利于质量追溯；因此，不能使用生产厂商使用的商品名。对仅注明商品名的兽药，应让生产企业或销售商提供通用名。

生产企业和生产许可证号可用于核实该企业是否为我国法律和行政管理部门允许生产的合法企业。

批准文号（进口兽药为注册证号）可用于核实法律和行政管理部门允许使用的禽类。

产品批次号或生产日期的记录便于追溯生产企业的具体兽药。

休药期是最后一次用药到产蛋的时间。休药期取决于兽药品种和剂型。不同剂型的同种兽药有不同的使用方式和休药期。例如，氟苯尼考注射液休药期为 28 d，其粉剂为 5 d。

依据《中华人民共和国兽药典》，疫苗、消毒剂、诊断制品属于兽药；但依据农业部公告第 278 号，它们没有休药期。

（三）蛋禽养殖

【标准原文】

7.3.3　蛋禽养殖

养殖环节除收集包括养殖栋舍或生产者（或生产者组）编号、养殖数量、养殖起止日期、责任人等基本信息外，还应收集以下信息：

——饲料使用信息。名称、产品批次号（或生产日期）、投饲量、使用日期（或使用起止日期）、使用人等。

——兽药使用信息。通用名、产品批次号（或生产日期）、使用量、使用方式、使用日期、休药期、不良反应、使用人等。

——无害化处理信息。病死害蛋禽的无害化处理方式、数量、时间、责任人等。

——其他，养殖用水检验、蛋禽检疫等信息。

【内容解读】

1. 养殖单元

养殖栋舍指蛋禽产蛋期所在的栋舍。养殖场将产蛋期的蛋禽和非产蛋期的蛋禽分养在不同栋舍。非产蛋期的蛋禽包括停产期（一般为每年 2～

3个月）和还未开始产蛋的小蛋禽，待到能产蛋时再开辟一个栋舍。仅对产蛋期的蛋禽的栋舍实施数字编号即养殖栋舍编号。

养殖数量以追溯精度计数一个或几个栋舍。

养殖起止日期指产蛋开始至停产的日期。

责任人可以是部门或个人。

2. 饲料使用

包括通用名、生产企业名称、投饲量、使用方法、使用日期（或使用起止日期）、使用人等。若是外购饲料，则应增加记录产品批次号（或生产日期）。

3. 兽药使用

兽药包括医用兽药、疫苗、消毒剂、诊断制品。依据农业部公告第278号，后三者没有休药期，不必记录休药期。

兽药记录包括购入和使用的信息。购入记录包括通用名、生产企业名称、生产许可证号、批准文号（进口兽药为注册证号）、产品批次号（或生产日期）、剂型、休药期等。使用记录包括通用名、生产企业名称、产品批次号（或生产日期）、剂型、有效成分及含量、稀释倍数、使用量、使用方式、使用频率和日期、休药期、不良反应等。若一个部门既购入又使用，则记录合并，制成一张表格。清洗剂应记录名称、浓度、清洗程序。

4. 无害化处理

对病死害蛋禽应实施无害化处理，即填埋或焚烧。应记录无害化处理的方式和数量。

5. 养殖用水

有3种水源不必记录，即深井水、自来水和饮用水源（如饮用水库）。深井水不受地表污染影响，水量和水质稳定；后两者水质均达到国家饮用水质标准。除此以外的养殖用水均可能造成污染，影响禽蛋质量。

6. 防疫

防疫包括国家规定的强制防疫和自行防疫。前者是发生区域性疫病时国家通知卫生防疫部门对本区域内养殖场实施的防疫，养殖场职工配合实施；后者是养殖场发生疫病自主进行的防疫。这两种防疫均需记录防疫蛋禽数量、疫病名称、防疫方式和防疫证号。

检疫是由当地卫生防疫部门实施，需保留检疫证书。

【实际操作】

1. 兽药

（1）疾病防治　依据《中华人民共和国动物防疫法》和《中华人民共

和国传染病防治法》，应切实做好疾病防治工作。养殖场应掌握疾病防治的知识，积极配合动物疾病防疫机构和检疫机构做好防疫、检疫工作。疾病防治应采取综合防治措施，包括“养防检治”，即饲养、防疫、检疫、治疗4个方面。规模化饲养中传染病流行的3个环节是传染源、传播途径、易感动物。因此控制其中一个环节，就可控制传染病。在综合防治中应注意以下3点：

① 防疫着眼于群体而不是个体，及时采取群体措施；

② 搞好各项预防措施，包括饲养管理、卫生防疫、预防接种、检疫、隔离、消毒等；

③ 发生疫病及时治疗、扑杀和无害化处理。

（2）兽药使用原则

① 必须符合《中华人民共和国兽药典》《兽药管理条例》，以及有关质量标准，如兽药质量标准、兽用生物制品质量标准、进口兽药质量标准等。

② 不使用国家明令禁用的兽药。

③ 使用日期离产蛋日期超过休药期（停药期），休药期是指最后一次用药至许可产出鲜蛋的间隔时间。

④ 不危害蛋禽及消费者健康。

⑤ 兽残超标关系到消费者的人身健康和安全，防止兽残超标的措施如下：

（a）遵守休药期规定。按照国家规定施药，不同的兽药或同种而不同剂型的兽药有不同的休药期，短则0 d长则40 d（农业部第278号公告《部分兽药品种的停药期规定》）。

（b）按职业兽医师处方或药物标签、说明书用药。禁止随意加大剂量、延长用药时间、同时使用多种药物、标签外用药（包括蛋禽种属、适应症、给药途径、剂量和疗程规定以外的应用）。

（c）不使用禁用药物、未经批准的药物。禁用药物指国家或绿色食品不准使用的药物。未经批准的药物指尚未经过行政审批的药物，这种药物无准确的用法、用量、休药期规定。

（d）建立用药档案，健全用药记录。可随时检查用药情况，遵守用药和休药期规定；

（e）蛋禽转移运输过程中不使用药物。例如，使用氯丙嗪和地西泮（安定）减少运输中发病和死亡。

上述内容解读的要素信息连同环节信息和责任信息制成兽药购买和使用登记表，如表2-16。

表 2-16 兽药采购及使用信息

序号	环节	采集点	通用名	生产商名称	生产许可证号	批准文号	产品批次号（或生产日期）	剂型	有效成分及其含量	购买数量（t 或 kg）及日期	保管人	稀释倍数	使用量（kg）	使用方式	休药期	使用人	不良反应

2. 蛋禽饮水

禽蛋中的重金属可直接来源于蛋禽饮水。另外，饮水中的病原微生物可引起蛋禽的各种疾病，因此对蛋禽饮水应予以重视。目前，尚未有蛋禽养殖用水标准，其水质应达到 GB 5749《生活饮用水卫生标准》要求。实际上，当蛋禽饮水流入水槽时，水质已经下降，尤其是微生物项目；因此，蛋禽饮水的水源应达到 GB 5749 要求。养殖场内工作人员饮用的自来水或直接引自生活饮用水水库的水可作为蛋禽饮水。若使用生活饮用水水库的水，则定期检测；若使用自来水，则不必检测。

除深井水、自来水和饮用水源外，其他饮用水均需记录。养殖用水的要素信息应包括水源类型、喂饮水量等一般管理项目；连同环节信息及责任信息，记录内容如表 2-17。

表 2-17 蛋禽饮水记录表

栋舍编号	水源类型	喂饮日期	喂饮水量［kg/(头·d)］	责任人

3. 防疫和检疫

（1）防疫　防疫是用人工方法将生物制品（疫苗、菌苗、高免抗血清等）在蛋禽不发病时注入其体内，产生免疫应答，对疾病产生抵抗力。依据《中华人民共和国动物防疫法》，防疫包括两种情况：一种是国家统一防疫接种，如蛋禽的一类动物传染病；另一类是养殖场根据本场疫病发病史和周围传染情况，由本场向当地动物防疫监督部门申请购买疫苗，进行接种。疫苗属于兽药范畴，执行兽药购入和使用登记程序。

（2）检疫　检疫由国家动物防疫监督部门对国家规定的疫病（包括传染病和寄生虫病）进行检疫，并签发检疫证明。养殖场工作人员配合国家兽医检疫人员进行工作，核对蛋禽种类、数量，并协助检疫。检疫后采取科学合理的处理措施，如不合格蛋禽隔离。

（四）鲜蛋收购

【标准原文】

7.3.4　鲜蛋收购

鲜蛋来源及批次、收购数量、收购日期、责任人、收购批次等。

【内容解读】

收购来源可为蛋禽的栋舍号或禽蛋批次号，应符合追溯精度。若一个禽蛋批次包括若干个追溯精度的追溯产品，则应设有隔离标记。记录收购数量。

（五）鲜蛋加工

【标准原文】

7.3.5　鲜蛋加工

加工环节除收集鲜蛋收购批次、鲜蛋检验、加工数量、加工方式及参数、加工批次、责任人等信息外，还应收集以下信息：

——辅料使用信息。食品添加剂应记录来源、购入日期、通用名、生产企业、生产许可证号、批准文号、产品批次号（或生产日期）、使用量、使用时间、责任人等；其他辅料应记录来源、名称、使用量、使用时间、责任人等。

——其他信息。加工用水水源及水质检验信息，清洗、灭菌、喷码等过程与质量安全相关的信息

【内容解读】

1. 鲜蛋检验

检验内容及方法为感官观察有否蛋壳破损，以及光源检查内部蛋黄与蛋白的清晰程度。完好的鲜蛋用液体石蜡涂膜后即可进入储藏、运输和销售阶段。应以追溯精度为单位记录检验数量、破损及合格数量、检验方式及检验项目、涂膜的食品添加剂、产品批次等。

2. 加工记录

食品添加剂品种应符合 GB 2760《食品安全国家标准　食品添加剂使用标准》的规定。加工过程中使用的加工用水应达到生活饮用水的要求。栋舍清洗剂应符合《中华人民共和国兽药典》规定；加工设备和容器的清

洗剂应符合国家食品级要求。杀灭菌温度及时间的记录可表明杀菌强度，以便判断蛋制品微生物超标的原因。

【实际操作】

1. 食品添加剂

食品添加剂的使用应执行 GB 2760 的规定，其中包括食品添加剂、食用香料、加工助剂和营养强化剂的规定。从食品添加剂的来源分，包括人工合成物质和天然物质。该标准列出了每种食品添加剂的名称、中国编码系统（CNS）编号、功能、适用的食品分类号、食品名称、最大使用量（g/kg）和备注。蛋制品中允许使用其中所列的品种。

（1）*食品添加剂使用原则和基本要求*

① 不应对人体产生任何健康危害。每种食品添加剂都规定了适用的食品名称、最大使用量，有的还规定了最大残留量。GB 2760 规定的最大使用量是依据联合国食品添加剂联合专家委员会制定国际通用的日允许摄入量（ADI），这是基础性数据，再结合我国通用的饮食习惯计算最大使用量（ML），由其在食品中的降解计算最大残留量（MRL）。为贯彻该原则，需做到以下 2 点：

（a）禁止超范围使用。例如，冰结构蛋白仅可用于冷冻饮品，不准用于蛋制品。

（b）禁止超量使用。例如，液体石蜡（被膜剂）在鲜蛋中最大使用量为 5.0 g/kg，不可超量使用。

② 不应掩盖食品腐败变质。例如，不可在蛋制品中加入富马酸以降低酸度，掩盖细菌所致的腐败。

③ 不应掩盖食品本身或加工过程中的质量缺陷，或以掺杂、掺假、伪造为目的而使用食品添加剂。例如，不可在酸败鸡蛋液中添加酸度调节剂碳酸氢钾。

④ 不应降低食品本身的营养价值。

⑤ 在达到预期目的前提下尽可能降低在食品中的使用量。例如，为达到良好乳化效果，尽可能提高搅拌速度，降低乳化剂双乙酰酒石酸单双甘油酯使用量。

（2）*在以下情况下可使用食品添加剂*

① 保持或提高食品本身的营养价值。

② 作为某些特殊膳食用食品的必要配料或成分。

③ 提高食品的质量和稳定性，改进其感官特性。例如，抗结剂二氧化硅用于脱水蛋制品。

④ 便于食品的生产、加工、包装、运输或储存。例如，将羟基苯甲酸酯类及其钠盐用于热凝固蛋制品加工中。

(3) 食品添加剂应符合相应的质量规格要求 使用合法供应的、质量合格的食品添加剂。

(4) 由食品配料（包括食品添加剂）中的食品添加剂带入食品中的，则应符合带入原则

① 配料所用食品添加剂的品种应符合 GB 2760 的规定。

② 配料所用食品添加剂的最大使用量应符合 GB 2760 的规定。

③ 在正常工艺条件下生产这些配料，并且食品中该食品添加剂的含量不应超过由配料带入的水平。

④ 由配料带入食品中的该食品添加剂的含量应明显低于直接将其添加到该食品中通常所需的水平。

(5) 食品添加剂使用规定

① 普通食品执行 GB 2760 的规定。

② 绿色食品执行 NY/T 392《绿色食品 食品添加剂使用准则》的规定。不得使用普通食品准用而绿色食品禁用的食品添加剂，如苯甲酸钠、糖精钠、阿力甜和甜味素等。

③ 有机食品执行 GB/T 19630《有机产品 生产、加工、标识与管理体系要求》的规定，如允许使用乳化剂等。

上述内容解读的要素信息，连同环节信息和责任信息制成食品添加剂购买和使用登记表，如表 2-18。

表 2-18 食品添加剂采购及使用信息

序号	环节	采集点（加工企业）	通用名	生产商名称	生产许可证号	批准文号	产品批次号（或生产日期）	购买数量（t 或 kg）及日期	保管人	使用量（kg）	领用人

记录时应注意如下：

——通用名即国家法律法规使用的名称，而非生产厂商使用的商品名。通用名称是其登记时的名称，并附有中国编码系统（CNS）的编号。中国编码系统编号由两部分组成，即食品添加剂的主要功能类别代码和该类别中的顺序号。例如，丙二醇脂肪酸酯，主要功能类别是乳化剂（次要功能为稳定剂），类别代码为 10，该类别中的顺序号为 020，因此其中国编码系统编号为 10.020；

——生产企业名称和生产许可证号可用于表明该企业是合法企业。

——批准文号可核实该食品添加剂是否适用于蛋制品。

——产品批次号或生产日期的记录便于追溯生产企业的具体食品添加剂。

——使用量可表明是否符合 GB 2760 的规定。

2. 清洗剂

养殖场所用的清洗剂属于兽药范畴，企业所用的清洗剂属于化工产品范畴，使用时应记录以下内容：

① 名称，即国家法律法规使用的名称，而非生产厂商使用的商品名。

② 浓度，可用于核实是否符合中华人民共和国兽药典标准要求。

③ 清洗程序，可用于核实清洗是否合理。

（六）产品检验

【标准原文】

7.3.6　产品检验

追溯码、产品标准、检验结果、责任人等。

【内容解读】

追溯码在产品检验前已形成，在检验记录上应如实记录追溯码，以便于发生追溯时可直接查阅相关的检验记录。

产品标准涉及检验的合法性和检验依据，应明确标明标准代号、年代号和标准名称。

检验结果应具体明确，具唯一性解释，不可笼统含糊。

责任人是上岗考核合格的专职人员。

【实际操作】

《食品安全法》第五十一条　食品生产企业应当建立食品出厂检验记录制度，查验出厂食品的检验合格证和安全状况，如实记录食品的名称、规格、数量、生产日期或者生产批号、保质期、检验合格证号、销售日期，以及购货者名称、地址、联系方式等内容，并保存相关凭证。

第五十二条　食品、食品添加剂、食品相关产品的生产者，应当按照食品安全标准对所生产的食品、食品添加剂、食品相关产品进行检验，检验合格后方可出厂或者销售。

第八十九条　食品生产企业可以自行对所生产的食品进行检验，也可以委托符合本法规定的食品检验机构进行检验。

1. 产品检验

包括鲜蛋交收检验、鲜蛋收购检验、蛋制品成品检验（交收检验及型式检验）。检验人员应具有培训合格后的上岗证书，检验依据为产品相关标准或合同约定，检验项目按照合同约定。鲜蛋检验单见表 2－19。

表 2－19　鲜蛋检验单

日期	追溯码	运输工具编号	供货人	检验依据	检验项目				检验人
					项目 1	项目 2	项目 3	…	

蛋制品检验前应先确定产品来源，其信息体现在检验登记台账和产品抽样单上，检验登记台账见表 2－20。

表 2－20　检验登记台账

样品编号	产品名称	抽样基数	样品数量	生产日期/批次	抽样时间	抽样地点	记录人

确定来源后进行抽样，填写产品抽样单，产品抽样单见表 2－21。其中，检验类别包括出厂检验、型式检验。抽样基数是指抽取样品的产品数量，单位为 t（吨）或 kg（千克）等，此样品数量为一个追溯精度的产量。抽样方法根据产品认证类型进行选择。例如，绿色食品抽样方法应采用 NY/T 896《绿色食品　产品抽样准则》。

表 2－21　蛋制品抽样单

单位全称			
通信地址			
追溯码		电话号码	
产品名称		型号规格	
抽样地点		抽样方式	
样品数量		检验类别	
抽样基数		产品等级	
执行标准		样品状态	

（续）

生产日期		到样日期	
抽样方法：		交送质检部门方式：	
受检单位经手人（签字） 年 月 日		受检单位负责人（签字） 年 月 日（公章）	
抽样单位经手人（签字） 年 月 日		抽样单位负责人（签字） 年 月 日（公章）	

2. 检测机构

（1）实验室设施环境 实验室须使用面积适宜，布局合理、顺畅，无交叉污染，水电气齐备，温湿度与光线满足检测要求，通风要求良好，台面、地面清洁干净，实验室无噪声、粉尘等影响，安全设施齐全。

（2）人员管理

① 任职资格。实验室所有检测人员应具备产品检验检测相关知识，并经化验员职业技能技术培训、考核合格取得化验员资质。

② 检测能力。检测人员要掌握分析所必需的各种实验操作技能，掌握仪器设备的维护、保养基本知识，具备独立检测能力。

③ 人员培训。定期对人员培训，做好相应的记录，并建立人员档案，一人一档。人员培训登记表见表2-22。

表2-22 人员培训登记表

文件通知			
培训人员		培训时间	
培训地点		培训内容	
学习心得			

（3）检测设备 实验室检测仪器应定期进行检定或校准，并制订相应的检定或校准计划，保存相关记录，仪器设备应粘贴有效标识。仪器设备应授权给专人使用，并按照使用说明进行操作，定期维护，填写并保存详细的使用、维护、维修记录（表）。仪器维修记录见表2-23，仪器设备使用与维护记录见表2-24。

表2-23 仪器维修记录表

名称		型号		编号	
使用人		故障发生时间			
故障情况：					
故障排除情况：					
备注：					

表2-24 仪器设备使用记录表

仪器名称		型号		编号	
使用日期	样品编号	检测参数	使用起止时间	仪器使用情况	环境温度（℃）

① 检查检测设备。检测设备的品种、量程、精度、性能和数量应满足原辅材料、中间产品和最终产品交收检验参数方法标准和工作量的要求，配备的检测设备与标准要求相适应。

② 计量器具检定有效。纳入《中华人民共和国强制检定的工作计量器具明细目录》和《中华人民共和国依法管理的计量器具目录》的工作计量器具，应经有资质的计量检定机构计量检定合格，获得合格检定证书。电子天平检定证书见表2-25。

表 2-25 电子天平检定证书

×××质量技术监督检验检测中心

通信地址：××× 邮编：×××

电话(Tel)：×××

检 定 证 书

VERIFICATION CERTIFICATE

证书编号

Certificate No ×××

送检单位

Applicant ×××

计量器具名称

Name of Instrument 电子天平

型号/规格

Type/Specification EP211D

制造厂

Manufacturer ×××

出厂编号

Serial No ×××

检定结论

Verification Conclusion

符合 JJG1036—2008 规程，准予作级Ⅰ使用。

	批准人 ______
检定日期×××	核验员 ______
有效期至×××	检定员 ______

本证书只对此被检样品有效，未经许可不得部分复印。

计量检定机构授权证书号：(×)法计(××)××

证书编号×××

检定技术依据名称及代号：《电子天平》JJG 1036—2008

Reference of Verification

检定使用的计量标准器具：

Standard of Measurement Used in this Verification

名称： E2级砝码

Name

型号： —————

Type

测量范围： 1 mg～600 g

Measuring Range

不确定度/准确度等级/最大允许误差： E2级

Uncertainty/Accuracy Class/MPE

环境条件：符合 JJG 1036—2008 规程要求

Environmental Conditions

标准器证书有效期限××年××月××日

Valid Date of the Standard Certificate

检定环境条件：温度 18℃，湿度 40%RH

检定结果

检定结果：

d=0.01mg；Max=210g

<table>
<tr><th colspan="2">检定项目</th><th>检定结果</th><th>最大允许误差</th></tr>
<tr><td colspan="2">天平偏载误差</td><td>0.000 4 g</td><td>±1.0e</td></tr>
<tr><td colspan="2">天平重复性</td><td>0.000 6 g</td><td>1.0e</td></tr>
<tr><td rowspan="3">天平示值误差</td><td>0 g≤m≤50 g</td><td>0.000 5 g</td><td>±5.0e</td></tr>
<tr><td>50 g≤m≤200 g</td><td>0.000 7 g</td><td>±1.0e</td></tr>
<tr><td>200 g≤m≤210 g</td><td>0.000 8 g</td><td>±1.5e</td></tr>
</table>

没有计量检定规程而不能计量检定的工作计量器具，可以按 JJF 1071—2010《国家计量校准规范编写规则》要求编制自校规程进行自校，也可以委托计量检定资质机构校准。

③ 检定和检定周期。可参考 GB/T 27404—2008《实验室质量控制规范 食品理化检测》附录 B“食品理化检测实验室常用仪器设备及计量周期”的规定。

（4）检测时间和检验结果 检测结果由检验报告体现，检验报告的内容包括检验报告编号（同样品编号）、追溯码、产品名称、受检单位等。

检测原始记录是编制检验报告的依据，是查询、审查、审核检测工作质量、处理检测质量争议的重要凭据。因此，检测原始记录内容应包括影响检测结果的全部信息，通常应包括以下要求：检测项目名称和编号、方法依据、试样状态、开始检测日期、环境条件和检测地点、仪器设备及编号、仪器分析条件、标准溶液编号、检测中发生的数据记录、计算公式、精密度信息、备注、检测、校核、审核人员签名等信息。

检验人员应对产品出厂进行监督检查，重点做好产品出厂检验工作。

① 出厂检验（交收检验）项目、方法要求。对正式生产的产品在出厂时必须进行的最终检验，用以评定已通过型式检验的产品在出厂时是否具有型式检验中确认的质量，是否达到良好的质量特性的要求。

产品标准中规定出厂检验（交收检验）项目和方法标准的，按产品标准的规定执行。

部分产品标准中仅规定了技术要求和参数的方法标准，没有规定产品出厂检验（交收检验）项目的，可以按国家市场监督管理总局的《食品生产许可管理办法》规定的产品出厂检验（交收检验）项目和方法标准执行。

在不违反我国法律法规、政府文件和我国现行有效标准前提下，产品出厂检验（交收检验）按贸易双方合同中约定的产品的质量安全技术要求、检验方法、判定规则的要求执行。完成出厂检验（交收检验）后，应规范地填写出厂检验报告。出厂检验报告见表 2-26。

表 2-26 出厂检验报告

<table>
<tr><td>样品名称</td><td colspan="2"></td><td>样品编号</td><td></td></tr>
<tr><td>样品来源</td><td colspan="2"></td><td>代表数量</td><td></td></tr>
<tr><td>序号</td><td>项目</td><td>技术要求</td><td>检验结果</td><td>单项判定</td></tr>
<tr><td>1</td><td></td><td></td><td></td><td></td></tr>
<tr><td>2</td><td></td><td></td><td></td><td></td></tr>
<tr><td>3</td><td></td><td></td><td></td><td></td></tr>
<tr><td>……</td><td>……</td><td></td><td></td><td></td></tr>
<tr><td colspan="2">检验结论</td><td colspan="3">所检项目符合××《××》标准规定的要求，判该批产品××。</td></tr>
<tr><td colspan="5">备注：追溯码</td></tr>
</table>

检验人：　　　　　　　　　　　　　　责任人：

年　月　日　　　　　　　　　　　　　年　月　日

产品在生产过程和入库后，应当按照产品标准要求检测产品的规定参数（企业可以根据本单位实际情况增加项目）。

② 型式检验项目、方法要求。型式检验是依据产品标准，对产品各项指标进行的全面检验，以评定产品质量是否全面符合标准。

在有下列情况之一时进行型式检验：

(a) 新产品或者产品转厂生产的试制定型鉴定；

(b) 正式生产后，如结构、材料、工艺有较大改变，可能影响产品性能时；

(c) 长期停产后，如结构、材料、工艺有较大改变，可能影响产品性能时；

(d) 长期停产后恢复生产时；

(e) 正常生产，按周期进行型式检验；

(f) 出厂检验（交收检验）结果与上次型式检验有较大差异时；

(g) 国家质量监督机构提出进行型式检验要求时；

(h) 用户提出进行型式检验的要求时。

型式检验的检验项目、检验方法标准、检验规则均按产品标准规定执行。按需要还可增测产品生产过程中实际使用，而产品标准中没有要求的某一种或多种兽药、食品添加剂等安全指标参数。

根据企业实验室技术水准和检测能力，可以由企业实验室独立承担或部分自己承担部分委托，也可全部委托有资质的质检机构承担型式检验。

农产品型式检验的检验频次应保持在每年1次。

产品检测原始记录：试样名称、样品唯一性编号、追溯码、检验依据、检验项目名称、检验方法标准、仪器设备名称、仪器设备型号、仪器设备唯一性编号、检测环境条件（温湿度）、两个平行检测过程及结果导出的可溯源的检测数据信息（包含称样量、计量单位、标准曲线、计算公式、误差、检出限等）、检测人员、检测日期、审核人、审核日期。

产品检验报告：检验报告编号（同样品编号）、追溯码、产品名称、受检单位（人）、生产单位、检验类别、商标、规格型号、样品等级、抽样基数、样品数量、生产日期、样品状态、抽样日期、抽样地点、检验依据、检验项目、计量单位、标准要求、检测结果、单项结论、检测依据、检验结论、批准人、审核人、制表人、签发日期。型式检验报告见表2-27。

表 2－27　型式检验报告

***监督检验测试中心（**）

检　验　报　告

No：　　　　　　　　　　　　　　　　　　　　　　　　共 2 页第 1 页

产品名称		型号规格	
抽检单位		商标	
受检单位		检验类别	
		样品等级	
生产单位		样品状态	
抽样地点		抽样日期 到样日期	
样品数量		抽样者 送样者	
抽样基数		原编号或 生产日期	
检验依据		检验项目	见报告第 2 页
所用 主要仪器		实验 环境条件	
检验结论	（检验检测专用章） 签发日期：　年　月　日		
备注	追溯码：		

批准：　　　　　　　　　　审核：　　　　　　　　　　制表：

***监督检验测试中心（**）

检验结果报告书

No：　　　　　　　　　　　　　　　　　　　　　　　　共 2 页第 2 页

序号	检验项目	单位	标准要求	检验结果	单项结论	检验依据
1						
2						
3						

（续）

序号	检验项目	单位	标准要求	检验结果	单项结论	检验依据
4						
5						
6						
7						
8						
……						

（七）产品包装

【标准原文】

7.3.7 产品包装

追溯码、包装形式、规格、标签打印日期、标签使用量、责任人等。

【内容解读】

包装前已形成追溯码，因此记录内容应包括追溯码。另外，应记录包装形式、产品规格。多数情况下追溯标签是在包装车间粘贴，标签打印宜在包装车间完成，打完就粘贴。若在其他地方，如办公室，则打印后需运到包装车间，可能发生错误。标签只能粘贴在追溯产品上，不可超范围用于其他非追溯产品，也不可流落出去，以免盗用。因此，标签打印使用记录内容包括追溯码、打印日期、打印数量、使用数量、报废数量、报废方式。

【实际操作】

1. 食品标签标注

按 GB 7718—2011《食品安全国家标准 预包装食品标签通则》执行，包括食品名称、净含量和规格、生产者和（或）经销者的名称、地点和联系方式、生产日期和保质期、储存条件、食品生产许可证编号、产品标准代号及其他需要标注的内容（如转基因、辐照和质量等级、批号等）。

2. 追溯标签使用登记

标签打印使用登记表见表 2－28。

表 2-28　标签打印使用登记表

追溯码	打印日期	打印量	使用量	销毁量	销毁方式	打印人	领用人

记录时应注意如下：

——追溯码应明确记录在标签打印使用表上，该追溯码应与粘贴或喷码在产品上的追溯码一致。

——打印日期应与生产日期一致。

——打印量、使用量是核查追溯规模的依据之一，另一个依据是生产记录的追溯产品数量。

——销毁量的记录数量是打印量与使用量之差，销毁的标签包括打印的不规范标签及用后多余的合格标签。

——销毁方式包括破碎和焚烧，以免不规范标签和多余合格标签的误用，冒充追溯产品。

——责任人应具体署名。

（八）产品储运

【标准原文】

7.3.8　产品储运

追溯码、数量、储存温度、储存起止日期、运输车船号、责任人等。

【内容解读】

储存和运输均以追溯精度为一个集合。若多于一个，则用隔离标记。

【实际操作】

1. 储存运输

储存运输是影响追溯产品质量的重要环节，储存过程中容易受到微生物危害，包括蛋制品内微生物（主要为沙门氏菌）繁殖以及环境中微生物污染，致使蛋与蛋制品质量安全性状发生改变。蛋制品应放置在指定的成品库里，如有多个成品库，应对每个成品库进行编号加以区分，如成品库1号、成品库2号等；产品储存日期应包括产品入库和出库日期；储存设施包括控温设施、照明设施以及监控设施；成品库应有专人管理，定期检查质量和卫生情况，及时清理变质或超过保质期的产品，保管员应做好定期检查。

储存要求包括如下：

① 储存库内应保持清洁、卫生、整齐，不应存放有碍卫生的物品，同一库内不应存放可能造成相互污染或者串味的食品。应设有防霉、防鼠、防虫设施，定期消毒。

② 库内物品与墙壁距离不少于 30 cm，与地面距离不少于 10 cm，与天花板保持一定的距离，并分垛存放，标识清楚；物品出库应遵循先进先出的原则。

③ 储存库的温度、湿度应满足产品特性要求。常温库应具良好通风散热条件。冷藏库应配备自动温度记录装置，并定期校准。冷藏库的温度控制在 0～4 ℃为宜。

④ 建立储存设施管理记录程序。

⑤ 应记录并保存产品出入库的日期、库号、追溯码、产品名称、规格、数量、储存条件、保管员等，产品储存记录见表 2 - 29。

表 2 - 29 产品储藏记录

日期	类型（出库或入库）	库号	追溯码	产品名称	规格	数量（t）	储藏条件	客户名称（出库填写）	车船号（出库填写）	保管员

运输车应保证车厢洁净无异味，记录车辆卫生状况；应根据产品特点配备制冷、保温和温度监控等设施；运输日期和位置均应记录起止的日期和位置；运输数量可以重量或件数记录。同时，为了运输产品可追溯，记录上应有产品追溯码。

为保障在储存过程中的质量安全，农业生产经营主体应按照国家要求对储存运输进行管理，记录影响微生物的因素；因素信息包括温度、时间，连同环节信息及责任信息。储存运输记录表见表 2 - 30。

表 2 - 30 蛋与蛋制品储存运输记录表

鲜蛋储存库或蛋制品成品库编号	入库日期	产品追溯码	产品名称	产品规格	数量（t）	储存温度	储存起止时间	储存责任人	运输车船号	容量（t）	运输温度	承运人

记录时应注意如下：

——储存仓库和运输工具采用数字编号。

——容量的记录用于核对生产数量以及运输数量，可包括一个或多个追溯精度的产品。

——责任人可以是部门或个人。

（九）产品销售

【标准原文】

7.3.9 产品销售环节

追溯码、销售日期、销售量、采购商、责任人等。

【内容解读】

销售记录是联系市场的重要记录，既可用于核查生产状况，又可作为销售旁证。除标准原文列出的销售要素信息外，记录表上还应加入环节信息和责任信息。

【实际操作】

产品销售信息示例见表 2－31。

表 2－31 产品销售信息表

追溯码	销售日期	销售量	采购商			车船号	责任人
			批发商	零售商	分销商		

记录时应注意如下：

——采购商包括批发商、零售商和分销商，填写收货人名称/代码，确保产品追溯信息从生产到消费的可追溯性。

——追溯码应明确记录在销售记录上，以便追溯。

——售货日期、售货量的记录可用于核对企业的生产状况，也可防止企业外假冒产品导致不必要的追溯。

——采购商、运货车船号、记录责任人三者形成责任明确的记录。

第七节 信息管理

一、信息审核和传输

【标准原文】

8.1 信息审核和传输

上一环节信息审核无误后，及时传输给下一环节。

【内容解读】

由信息录入人员审核纸质记录信息的完整、准确和规范，审核无误后再录入计算机。若有误，则返回纸质记录人员，让其修改，计算机录入人员无权自行修改。得到纸质记录人员修改后，再审核，达到要求后方可录入。若纸质记录人员就是电子信息录入人员，则应自行完成审核和录入操作。

农业生产经营主体农产品追溯环节主要分为养殖环节和加工环节。完善的通信网络可以确保各信息采集点信息传递管道的畅通。各个环节操作时应及时采集各个环节的相关信息，并做好纸质记录和电子记录。各个环节的信息记录应编写唯一性环节信息代码，以便传递给下一环节。

【实际操作】

信息传输包括承接、传递、编辑和上报。农业生产经营主体与加工企业实行一对一单线承传关系。采集的信息数据以代码形式传递给下一环节，应准确无误，每个传递环节之间应进行核实。信息采集后，要在第一时间通过网络或者可移动设备等将数据信息及时上报到信息中心，信息中心对上报的各个环节信息进行核实、编辑、汇总，无误后将信息传输到质量安全追溯系统平台。具体操作应做到以下 3 点：

① 信息录入人员应按信息记录要求，对纸质信息的真实、完整、规范进行审核，尤其是在投入品的种类及使用信息，以及生产工艺中的原料收购、储藏、加工条件等记录。

② 审核确认无误后由计算机信息录入人员录入，上传质量安全追溯系统平台。

③ 各计算机的电子信息应及时汇总上传。

二、信息存储

【标准原文】

8.2 信息存储

纸质记录及其他形式的记录应及时归档，并采取相应的安全措施备份保存。所有信息档案应在生产周期结束后至少保存 2 年。

【内容解读】

对整理后的信息应及时进行存储和备份。信息存储期应与追溯产品的保质期一致；若保质期不足 2 年，追溯信息应至少保存 2 年。

【实际操作】

1. 纸质信息的存储

所有纸质原始记录在养殖阶段或加工阶段结束后，由信息采集员进行整理，统一上交，并进行归档保管。

原始记录应及时归档，装订成册，每册有目录，查找方便；源文件有固定场所保存，要有防止档案损坏、遗失的措施。

2. 电子信息的存储

各采集点的追溯信息应在每次录入完毕后进行备份。电子记录备份到计算机的非系统盘和可移动硬盘上。生产周期内，应保证每 2 周将采集的数据备份一次。农业生产经营主体信息中心要保证在新数据上传时及时备份，并交专人保管，做好登记。用于储存电子信息的计算机和可移动硬盘应专用，不可他用。做好电子病毒防护工作，并定期进行杀毒管理。可移动硬盘存储设备应归档保管，由专人负责，防止损坏。所有电子信息档案在生产周期结束后应至少保存 2 年。

三、信息查询

【标准原文】

8.3 信息查询

建立追溯体系的生产经营主体应建立或纳入相应的追溯信息公共查询平台，信息应至少包括生产者、产品、产地、批次（或生产日期）、产品标准、检验结果等内容。

【内容解读】

生产经营主体采集的信息应覆盖养殖、加工等全过程，满足追溯精度和深度的要求。使消费者能够查询到追溯产品的质量安全信息，其查询内容应突出个性化（查询信息应能图文并茂）。查询内容至少包括生产者、产品、产地、批次、产品标准等具体内容。

【实际操作】

具备信息化的生产经营主体应定制信息查询系统和产品追溯流程，确定每个环节信息采集内容和格式要求，汇总各信息采集点上报的数据，形成完整追溯链，并通过网络向数据中心上传数据。调试标签打印机、喷码

机等专用设备，规范采集点编号，建立操作人员权限，形成符合生产经营主体实际的追溯系统，实现上市农产品可查询、可监管。不具备信息化的生产经营主体应确保能通过纸质记录查询相关信息。

产品追溯标签是消费者查询的主要方式，生产经营主体应将追溯标签使用粘贴或其他合理方式置于产品最明显的位置，方便消费者在购买时进行查询使用。

消费者通过查询农产品质量安全追溯码应可以查询到养殖者、产品、产地、加工企业、批次、质量检验结果、产品标准等主要信息。生产经营主体应做到生产有记录、流向可追踪、信息可查询、质量可追溯、责任可界定。

第八节 追溯标识

【标准原文】

9 追溯标识

按 NY/T 1761 规定执行。

【内容解读】

NY/T 1761 的规定内容如下：

① 可追溯农产品应有追溯标识，内容应包括追溯码、信息查询方式、追溯标志。

② 追溯标识载体根据包装特点采用不干胶纸制标签、锁扣标签、捆扎带标签、喷印等形式。标签位置显见，固着牢靠。标签规格大小由农业生产经营主体自行决定。

【实际操作】

1. 追溯标识的设计及内容

追溯标识要求图案美观，文字简练、清晰，内容全面、准确。追溯标识包括以下 4 个方面的内容：

（1）追溯标志 图形已作规定，大小可依追溯标签大小而变。

（2）说明文字 表明农产品质量安全追溯等内容。

（3）信息查询渠道 语音渠道、短信渠道、条形码渠道、二维码渠道等。

（4）追溯码 由条形码和代码两部分组成。

追溯标识见图 2－15。

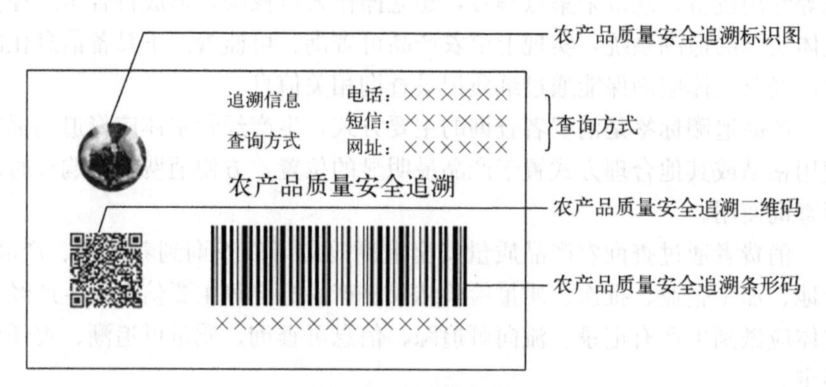

图 2－15　追溯标识

目前，二维码广泛用于各种商标和商品识别中，主要有 QR 码、Maxi 码、PDF417 码、Aztec 码等。农产品质量安全追溯标识中现使用 QR 码。QR 码具有超高可靠性、防伪性和可表示多种文字图像信息等特点，在我国被广泛应用。

2. 追溯标签的粘贴及形式

追溯标签的粘贴要求如下：

① 粘贴位置应美观、整齐、统一，位于直面消费者包装的显著位置。

② 粘贴牢固，难以脱落、磨损。依据产品及其包装材质，农业生产经营主体自主决定用不干胶纸制标签、锁扣标签、捆扎带标签、喷印等形式。采用喷码打印或激光打码时，应图案清晰、位置合理，且产品包装应体现查询方式。

③ 标签使用的规格大小由农业生产经营主体自行决定，其应与追溯产品包装规格匹配，大小适合自身产品即可。

3. 追溯标识载体的使用

① 追溯标识载体出入库时，要认真清点，做到数量、规格准确无误。

② 追溯标识载体仅适用于追溯产品，其他产品严禁使用。追溯产品使用追溯标识载体时，必须按照要求在指定位置粘贴追溯标签或者喷制产品追溯码。

第九节　体系运行自查

【标准原文】

10　体系运行自查

按 NY/T 1761 的规定执行。

【内容解读】

根据NY/T 1761规定，农业生产经营主体应建立追溯体系的自查制度，定期对农产品质量追溯体系的实施计划及运行情况进行自查。检查结果应形成记录，必要时提出追溯体系的改进意见。

1. 概述

自查制度是为检查农业生产经营主体各项农产品质量安全追溯活动是否符合体系要求，验证其所建立的农产品质量安全追溯体系运行的适宜性、有效性，评价是否达到农产品质量安全追溯体系建设预期目标而进行的、有计划的、独立的检查活动。通过自查，能发现问题、分析原因、采取措施解决问题，以实现农产品质量安全追溯体系的持续改进。

2. 目的

① 确定受审核部门的农产品质量安全追溯体系建设符合规定要求。

② 确定所实施的农产品质量安全追溯体系有效性满足规定目标。

③ 通过自查了解农业生产经营主体农产品质量安全追溯体系的活动情况与结果。

3. 依据

农产品质量安全追溯体系文件对体系的建立、实施提供具体运作的指导，是自查依据的主要准则。

4. 原则

农产品质量安全追溯体系的实施计划及运行情况自查应遵从实事求是、客观公正、科学严谨的原则。

（1）客观性　客观证据应是事实描述，并可验证，不含有任何个人的推理或猜想。事实描述包括被询问的负有责任的人员的表述、相关的文件和记录等存在的客观事实。

对收集到的客观证据进行评价，并最终形成文件。文件内容包括自查报告、巡检员检查表、不符合项报告表、首末次会议签到表等。通过文件形式以确保自查的客观性。

（2）系统性　自查分为材料审查和现场查看2种形式。

材料审查重点是检查农产品质量安全追溯体系文件的符合性、适宜性、可操作性。根据自查小组成员的分工，对照农产品质量安全追溯体系运行自查情况表中所规定的各项检查内容逐项进行，同时做好存在问题的记录。

现场查看重点是检查农产品质量安全追溯体系文件执行过程的符合性、达标性、有效性、执行效率。例如，查看农产品质量安全追溯产品生产的各个环节、质量安全控制点和相关原始记录情况；查看硬件网络和质量安全追溯设备配置建设情况、系统运行应用情况；检查系统管理员及信息采集员的操作应用情况、信息采集情况以及软件操作熟练程度；从农产品质量安全追溯系统中随机抽取若干个批次的追溯码进行可追溯性验证，查询各环节信息的采集和记录情况，将纸质档案与系统内信息进行对照检查，检查是否符合要求。

符合性是指农产品质量安全追溯活动及有关结果是否符合体系文件要求。

有效性是指农产品质量安全追溯体系文件是否被有效实施。

达标性是指农产品质量安全追溯体系文件实施的结果是否达到预期的目标。

5. 人员配置及职责

根据农产品质量安全追溯体系自查工作需要，自查小组成员一般由农业生产经营主体中生产技术部、品质管理部、企业管理部、信息技术部等人员组成。根据自查小组成员自身专业特长和工作特点赋予其不同的职责。当农业生产经营主体规模较大、部门设置比较完善的情况下，可以由下述部门人员组成自查小组；当农业生产经营主体规模较小、部门设置不全的情况下，可以一人兼顾多人的工作职责组成自查小组。

（1）生产技术部人员　主要由从事农业生产、在某一特定的区域对某种产品的生产、加工、储运等方面具有一定知识的生产技术人员组成。主要承担农产品质量安全追溯体系的生产档案建立、信息采集点设置等方面的工作。

（2）品质管理部人员　主要由了解农产品质量安全标准、从事农产品检测等方面的人员组成。主要承担农产品质量安全追溯产品质量监控、产品检测等方面的工作。

（3）企业管理部人员　主要由从事项目管理、了解农产品质量安全追溯体系建设基本要求和工作特点的人员组成。主要承担农产品质量安全追溯体系的制度建立、规划制定、人员培训等方面的工作。

（4）信息技术部人员　主要由了解农产品质量安全追溯体系构成及应用、能够熟练处理追溯系统软件、硬件问题的人员组成。主要承担农产品质量安全追溯体系应用等方面的工作。

6. 频次

（1）常规自查　按年度计划进行。由于农产品生产的特殊性，应每一生产周期至少自查一次。

（2）增加自查频次　当出现下列情况时，农业生产经营主体应增加自查频次：

①出现质量安全事故或客户对某一环节连续投诉；

②内部监督连续发现质量安全问题；

③ 农业生产经营主体组织结构、人员、技术、设施发生较大变化。

【实际操作】

农产品质量安全追溯体系内部自查审核一般分为5个阶段：自查的策划与准备、自查的实施、编写自查报告、跟踪审核验证、自查总结。

1. 自查的策划与准备

生产经营主体组织有关人员策划并编制年度自查计划。年度自查计划可以按受审核部门进行开展。自查计划见表2-32。

表2-32 年度农产品质量安全追溯体系自查计划

条款/受审核部门 \ 审核月份		一月	二月	三月	四月	五月	六月	七月	八月	九月	十月	十一月	十二月
1	养殖基地												
2	生产车间												
3	品质管理部												
4	销售部												
5	信息技术部												
6	企业管理部												
7	生产技术部												

由生产经营主体最高管理者授权成立自查小组，由自查组长编写自查实施计划（表2-33）。内容包括自查的目的、性质、依据、范围、审核组人员、日程安排，准备自查工作文件。工作文件主要是自查不符合项报告表（表2-34）、自查报告（表2-35）、农产品质量安全追溯体系运行自查情况表（表2-36）。

表2-33 年度农产品质量安全追溯体系自查实施计划

自查日期：
自查目的：
自查性质：
自查依据：
自查范围：

（续）

<table>
<tr><td colspan="5">自查组
组长：
副组长：
组员：</td></tr>
<tr><td colspan="5">日程安排</td></tr>
<tr><td>日期</td><td>时间</td><td>受审核部门</td><td>条款/内容</td><td>自查员</td></tr>
<tr><td></td><td></td><td></td><td></td><td></td></tr>
<tr><td></td><td></td><td></td><td></td><td></td></tr>
</table>

表 2-34　年度农产品质量安全追溯体系自查不符合项报告表

<table>
<tr><td>受审核部门</td><td></td><td>部门负责人</td><td></td></tr>
<tr><td>自查员</td><td></td><td>审核日期</td><td></td></tr>
<tr><td colspan="4">不符合项事实描述：

不符合项：工作规范□　应急预案□　质量控制□　信息运行□　其他文件□
不符合项文件名称（编号）及条款：

不符合项类型：　体系性□　实施性□　效果性□
要求纠正时限：一周□　二周□　三周□　约定时间□
自查员：　　　　　　　　　　　　　　部门负责人：
日期：　年　月　日　　　　　　　　　日期：　年　月　日</td></tr>
<tr><td colspan="4">不符合项原因分析及拟定纠正措施：
当　事　人：　日期：　年　月　日
自　查　员：　日期：　年　月　日
部门负责人：　日期：　年　月　日</td></tr>
<tr><td colspan="4">纠正措施完成情况：

部门负责人：　　　　年　月　日</td></tr>
<tr><td colspan="4">纠正措施的验证：

自　查　员：　　年　月　日
部门负责人：　　年　月　日</td></tr>
</table>

自查组长：　　　　　　　　年　月　日

表 2-35 年度农产品质量安全追溯体系自查报告

自查性质		自查日期	
自查组员：			
自查目的：			
自查范围：			
自查依据：			
自查过程综述： 自查组长：　　　　　　批准： 日期：　　　　　　　　日期：			

表 2-36 农产品质量安全追溯体系运行自查情况表

条款	检查内容	检查要点	不符合事实描述	整改落实情况
1	建立工作机构，相关工作人员职责明确。	见机构和人员部分要求		
2	制定完善、可操作的追溯工作实施方案，并按照实施方案开展工作	见机构和人员部分要求		
3	制定完善的产品质量安全追溯工作制度和追溯信息系统运行制度	见管理制度部分要求		
4	产品质量安全事件应急预案等相关制度按要求修改完善并落实到位	见管理制度部分要求		
5	各信息采集点信息采集设备配置合理	见实施要求部分要求		
6	配置适合生产实际的标签打印、条码识别等专用设备	见实施要求部分要求		
7	追溯精度与追溯深度设置是否符合生产实际	见实施要求部分要求 见术语和定义部分要求		
8	采集的信息覆盖生产、加工等全过程的关键环节，满足追溯精度和深度的要求；具有保障电子信息安全的软硬件措施；系统运行正常，具备全程可追溯性	见实施原则部分要求 见信息采集部分要求		

（续）

条款	检查内容	检查要点	不符合事实描述	整改落实情况
9	规范使用和管理追溯标签、标识；信息采集点设置合理，生产档案记录表格设计合理；生产档案记录真实、全面、规范，记录信息可追溯；具有相应的条件保障企业内部生产档案安全	见信息采集部分要求 见追溯标识部分要求		
10	具有质量控制方案，并得以实施	见管理制度部分要求		
11	具有必要的产品检验设备，计量器具检定有效，产品有出厂检验和型式检验报告	见产品检验部分要求		

2. 自查的实施

自查的实施按照首次会议、现场审核、碰头会、开具不符合项报告及召开末次会议的程序依次进行。自查首末次会议签到表见表 2－37。

表 2－37　自查首末次会议签到表

<table>
<tr><td>会议名称</td><td colspan="2">首次会议□</td><td colspan="2">末次会议□</td></tr>
<tr><td>会议日期</td><td></td><td colspan="2">会议地点</td><td></td></tr>
<tr><td colspan="5">参加会议人员名单</td></tr>
<tr><td colspan="2">签名</td><td colspan="3">职务</td></tr>
<tr><td colspan="2"></td><td colspan="3"></td></tr>
<tr><td colspan="2"></td><td colspan="3"></td></tr>
<tr><td colspan="2"></td><td colspan="3"></td></tr>
</table>

自查实施以首次会议开始，根据农产品质量安全追溯体系文件、自查表和计划的安排，自查员进入现场检查、核实。在现场审核时，自查员通过与受审核部门负责人及有关人员交谈、查阅文件和记录、现场检查与核对、调查验证、数据的汇总分析等方法，详细记录并填写农产品质量安全追溯体系运行自查情况表，经过整理分析和判断等综合分析并经受审核方确认后开具不合格项报告，得出审核结论，并以末次会议结束现场审核。在末次会上，由自查小组组长宣读自查不符合项报告，做出审核评价和结

论，提出建议的纠正措施要求。

(1) 首次会议 首次会议需要自查小组全体成员和受审核部门主要领导共同参加的会议。会议应向受审核部门明确自查的目的、意义、作用、方法、内容、原则和注意事项。宣布自查日程时间表、自查小组成员的分工、自查过程、内容和现场察看地点等。

(2) 现场审核 现场审核在整个自查过程中占据着重要的地位。自查工作的大部分时间是用于现场审核，最后的自查报告也是依据现场审核的结果形成的。

现场审核记录的要求：

① 应清楚、全面、易懂；

② 应准确、具体，如文件名称、记录编号等。

(3) 不符合项报告 不符合项报告中的不符合项可能是文件的不符合项、人员的不符合项、环境的不符合项、设备的不符合项、溯源的不符合项等。主要可以分为 3 类：

① 体系性不符合，即农产品质量安全追溯体系文件的制定与要求不符或体系文件的缺失。例如，未制定产品质量控制方案。

② 实施性不符合，即制定的农产品质量安全追溯体系文件符合要求且符合生产实际，但员工未按体系文件的要求执行。例如，规定原始记录应在工作中予以记录，但实际上都是进行补记或追记。

③ 效果性不符合，即制定的农产品质量安全追溯体系文件符合要求且符合生产实际，员工也按体系文件的要求执行，但实施不够认真。例如，原始记录出现漏记、错记等。

不符合项报告的注意事项：不符合事实陈述应力求具体；所有不符合项均应得到受审核部门的确认；开具不符合项报告时，应考虑其应采取的纠正措施以及如何跟踪验证，是否找到出现不符合的根本原因。

(4) 末次会议 末次会议需要自查小组全体成员和受审核部门主要领导共同参加的会议。会议宣读不符合项报告，并提交书面不符合项报告；提出后续工作要求（制定纠正措施、跟踪审核等）。

3. 编写自查报告

自查报告是自查小组结束现场审核后必须编制的一份文件。自查小组组长召集小组全体成员交流自查情况，并汇总意见，讨论自查过程中发现的问题，对农业生产经营主体的农产品质量安全追溯体系建设工作进行综合评价，研究确定自查结论，对存在的问题提出改进或整改要求。自查小组需要交流汇总的主要内容包括自查主要内容、自查基本过程、可追溯性验证情况、自查的结论、对存在问题的限期改进或整改意见等。自查报告通常包括以下内容：审核性质、审核日期、自查组成员、自查目的、审核范围、审核依据、审核过程概述。

4. 跟踪审核验证

跟踪审核验证是自查工作的延伸，同时也是对受审核部门采取的纠正措施进行审核验证，对纠正结果进行判断和记录的一系列活动的总称。跟踪审核的目的：

① 促使受审部门实施有效的纠正/预防措施，防止不符合项的再次发生；

② 验证纠正/预防措施的有效性；

③ 确保消除审核中发现的不符合项。

自查组长应指定一名或几名自查员对不符合项的纠正，以及对纠正措施有效性进行跟踪验证并确认完成及合格后，做好跟踪验证记录，将验证记录等材料整理归档（纠正措施完成情况及纠正措施的验证情况可在不符合项报告表中一并体现）。

5. 自查的总结

年度自查全部完成后，应对本年度的自查工作进行全面的评价，包括年度计划是否合适、组织是否合理、自查人员是否适应自查工作等内容。

第十节 质量安全问题处置

【标准原文】

11 质量安全问题处置

按 NY/T 1761 的规定执行。召回产品应按相关规定处理，召回及处置应有记录。

【内容解读】

NY/T 1761 规定，可追溯农产品出现质量安全问题时，农业生产经营主体应依据追溯系统界定产品涉及范围，查验相关记录，确定农产品质量问题发生的地点、时间、追溯单元和责任主体，并按相关规定采取相应措施。

1. 可追溯农产品

可追溯性即从供应链的终端（产品使用者）到源头（产品生产者或原料供应商）识别产品或产品成分来源的能力，即通过记录或标识追溯农产品的历史、位置等的能力。具有可追溯性的农产品即为可追溯农产品。

2. 质量安全问题

《中华人民共和国农产品质量安全法》规定，农产品质量安全指农产品质量符合保障人的健康、安全的要求。农产品质量安全问题包括以下几方面：

① 含有国家禁止使用的农药、兽药或者其他化学物质的；

② 农药、兽药等化学物质残留或者含有的重金属等有毒有害物质不符合农产品质量安全标准的；

③ 含有的致病性寄生虫、微生物或者生物毒素不符合农产品质量安全标准的；

④ 使用的保鲜剂、防腐剂、添加剂等材料不符合国家有关强制性的技术规范的；

⑤ 其他不符合农产品质量安全标准的。

3. 农产品质量安全问题来源分析

建立了追溯系统的农业生产经营主体，在农产品发生质量安全问题时，可以根据农产品具有的追溯码，查询到该问题产品的生产全过程的信息记录，从而确定问题产品涉及范围，判断质量安全问题可能发生的环节，确定农产品质量安全问题发生的地点、时间、追溯单元和责任主体。

农产品出现质量安全问题，主要发生在以下 5 个环节：

① 含有国家禁止使用的兽药或者其他化学物质，主要发生在养殖环节，生产者违规使用了国家禁止使用的兽药或其他化学物质。

② 兽药等化学物质残留或者含有重金属等有毒有害物质不符合农产品质量安全标准，主要发生在养殖环节。一方面，生产者使用的兽药没有达到休药期要求，导致药物残留不符合标准要求；另一方面，生产者没有按照国家标准规定正确使用兽药，如未按照产品使用说明书超量使用兽药，导致药物残留不符合标准要求。蛋制品重金属含量超标主要原因为饲料和加工用水不符合标准要求。

③ 含有的微生物及生物毒素不符合农产品质量安全标准。微生物超标主要发生在蛋制品加工、仓储、运输环节，主要原因为环境、卫生条件不符合要求。

④ 使用的食品添加剂等材料不符合国家有关强制性的技术规范，主要发生在蛋制品加工环节，主要原因为违规使用国家禁止使用的添加剂或超量使用等。

⑤ 其他不符合农产品质量安全标准要求的一些理化指标。例如，蛋制品中酸度超标，主要原因为杀灭菌强度条件不足，致使微生物繁殖产酸。

【实际操作】

农业生产经营主体应确保具有质量安全问题的蛋与蛋制品得到识别和处置，以防止其非预期的使用或消费。应编制相关文件控制程序，以规定质量安全问题产品识别和处置的有关责任、权限和方法，并保持所有程序的实施记录。

1. 可追溯蛋与蛋制品出现质量安全问题时的应对计划

当具有质量安全问题的蛋与蛋制品进入流通市场后，农业生产经营主体应实施预警反应计划和产品召回计划。当发生食品安全事故或紧急情况时，应启动应急预案。

（1）预警反应计划　农业生产经营主体应采用适宜的方法和频次监视已上市蛋制品的使用安全状况，包括消费者抱怨、投诉等反馈信息。根据监视的结果评价已上市蛋制品中安全危害的状况，并针对危害评价结果确定已上市蛋制品在一定范围内存在安全危害的情况，农业生产经营主体应按以下要求制订并实施相应的预警反应计划，以防止安全危害的发生：

① 识别确定安全危害存在的严重程度和影响范围；

② 评价防止危害发生的防范措施的需求（包括及时通报所有受影响的相关方的途径和方式，以及受影响产品的临时处置方法）；

③ 确定和实施防范措施；

④ 启动和实施产品召回计划；

⑤ 根据产品和危害的可追溯性信息实施纠正措施。

（2）产品召回计划　农业生产经营主体应制订产品召回计划，确保受安全危害影响的上市蛋制品得以全部召回。该计划应至少包括以下 5 个方面的要求：

① 确定启动和实施产品召回计划人员的职责和权限；

② 确定产品召回行动需符合的相关法律、法规和其他相关要求；

③ 制定并实施受安全危害影响的产品的召回措施；

④ 制定对召回产品进行分析和处置的措施；

⑤ 定期演练并验证其有效性。

（3）应急预案　农业生产经营主体应识别、确定潜在的蛋与蛋制品质量安全事故或紧急情况，预先制定应对的方案和措施，必要时做出响应，以减少蛋与蛋制品可能发生安全危害的影响。应急预案的编制应包括以下主要内容：

① 概述。简要说明应急预案主要内容包括哪些部分。

② 总则。

(a) 适用范围。说明应急预案适用的产品类别和事件类型、级别。

(b) 编制依据。简述编制所依据的法律法规、部门规章，以及有关行业管理规定、技术规范和标准。

(c) 工作原则。说明生产经营主体应急工作的原则，内容简明扼要、明确具体。

③ 事件分级。根据可能导致的产品质量安全事件的性质、伤害的严重程度、伤害发生的可能性和涉及范围等因素对产品质量安全事件进行分级。

④ 风险描述。简述生产经营主体的产品因质量问题可能导致人员物理、化学或生物危害的严重程度和可能性，主要危害类型，可能发生的环节、可能影响的人群范围、可能产生的社会影响等。

⑤ 组织机构及职责。成立以负责人为组长、相关分管负责人为副组长、相关部门负责人为成员组成产品质量安全事件应急领导小组，并明确各组织机构及人员的应急职责和工作任务。

⑥ 监测与预警。

(a) 信息监测。确定生产经营主体产品质量安全事件信息监测方法与程序，建立消费者、政府监管部门、新闻媒体等信息来源与分析等制度，以及信息收集、筛查、研判、预警机制，及时消除产品质量安全隐患。

(b) 信息研判。根据获取的产品质量安全事件信息，开展事件信息核实，并对已核实确认的事件信息进行综合研判，确定事件的影响范围及严重程度，事件发展蔓延趋势等。

(c) 信息预警。生产经营主体建立健全产品质量安全事件信息预警通报系统，建立产品质量安全事件报告制度，明确责任报告单位和人员、报告程序及要求。

⑦ 应急响应。

(a) 响应分级。针对产品质量安全事件导致的危害程度、影响范围和生产经营主体控制事态的能力，对产品质量安全事件应急响应进行分级，明确分级响应的基本原则。

(b) 先期处理。生产经营主体先期派出人员到达事发地后，按照分工立即开展工作，随时报告事件处理情况，并根据需要开展抽样送检等相关工作。

(c) 事件调查。

——生产经营主体组织开展事件调查，尽快查明事件原因；

——做好调查、取证工作，评估事态的严重程度及危害性；

——生产经营主体品管部门会同有关部门对事故的性质、类型进行技术鉴定，做出结论。

（d）告知及公告。需要进行忠告性通知时，生产经营主体可选择适宜的方式如电话、传真、媒体等。

（e）产品召回。实施产品召回，依据产品销售台账，及时对已召回或未销售流通的问题产品实施封存、限制销售等措施。

（f）赔偿。主动向因生产经营主体产品质量问题导致的受伤害人员进行赔偿，避免事件影响扩大。

（g）后期处理。产品质量安全事件应急处置结束后，生产经营主体应对质量安全事件的处理情况进行总结，分析原因，提出预防措施，提请有关部门追究有关人员责任。

⑧ 保障措施。通信与信息保障、队伍保障、经费保障、物资装备保障、其他保障。

⑨ 应急预案附件。可以包括术语解释、人员联系方式、规范文本、有关协议或备忘录等。

各农业生产经营主体应根据生产经营主体的具体情况，按照应急预案的基本编制原则，编制切实可行的应急预案。产品预警反应计划包含在应急预案中的，可以不必单独列出。

2. 质量安全问题产品处置

农业生产经营主体应通过以下一种或几种途径处置质量安全问题产品：

（1）转作其他安全用途　通过降级或降等的方式，部分蛋制品可以转作饲料或其他工业原料等。

（2）销毁　含有的质量安全问题不可消除，且无法转作其他安全用途的产品，必须销毁，不可作为追溯产品销售。

3. 应急预案演练示例

×××全蛋液质量安全追溯应急预案演练（示例）

一、演练目的

通过本次全蛋液质量安全事件应急演练，检验各部门在全蛋液质量安全出现异常情况下应急处置工作的实际反应能力和运作效果，从而进一步完善产品质量安全应急体系，提高各小组成员处理突发事件的能力。

二、演练依据

《×××全蛋液质量安全事件应急预案》及国家的相关法律、法规。

三、职责

应急小组全面负责、各部门协助。

四、演练事件设置

2020年8月1日8时，某超市经销商反馈，消费者购买的我公司生产的×××牌全蛋液，包装规格为500 g/袋，发现酸败现象，现已有1人来超市进行退货。

五、演练流程

(一) 启动应急预案

1. 应急小组

8时10分，质量安全事件应急小组成员赵××接到通知后，立即向应急小组组长报告此事件。8时15分，应急小组组长刘××得知产品问题后，迅速召开会议进行指挥、部署，启动应急预案，追溯事件原因，并进行妥善处理。

2. 现场处置组

组织小组成员对问题批次产品展开调查。8点30分，小组成员李××及时与消费者取得联系，并对消费者进行思想安抚工作，稳定消费者情绪。耐心解答消费者提出的问题，防止过激行为发生。8点50分，小组成员乔××到达超市现场，询问消费者有没有食用酸败的全蛋液等相关情况，并对消费者进行退货的冷藏全蛋液进行封样留存。经查，消费者尚未进行食用，未对其身体造成危害。

3. 事故调查组

9时20分，小组成员王××、刘××、张××组成调查组，开始调查此次事件原因。由刘××利用问题产品的追溯码进行网络查询。

4. 后勤服务保障工作组

9时40分，后勤服务保障工作组开始及时对应急赔偿资金、应急车辆等进行调配，保证事件处理所需。9时50分，准备就绪。

各工作组在展开各项工作的同时，及时向指挥部通报情况，为组长的决策和下达指挥命令提供依据。

(二) 网络追溯

9时40分，应急小组成员刘××通过产品追溯码查询得知，问题全蛋液产品为2020年7月27日生产，包装规格为500 g/袋，包装方式为塑封包装，加工班组为×××加工班组，养殖基地为×××农户组。销售日期为2020年7月31日，承运人赵××，运输方式为汽运，运输车辆车牌号×××××，销售去向为××市某超市。

随后，将该结果传送一份至调查组。调查组根据追溯结果紧急分析产品的养殖、加工过程、时间、地点、相关人员以及采集的数据。

调查组从鲜蛋、加工、检验、储存和运输等所有环节的电子和原始纸质记录进行比对，未发现数据错误、不一致、产品检测数据不合格等问题。

（三）实地调查

调查小组现场调查证实，消费者购买的×××牌全蛋液确为本公司加工生产，追溯码为088×××××××08，该批次产品销售于×××超市。超市购入200袋，包装规格为500 g/袋，合计100 kg。目前已销售42袋。通过进一步查看超市冷库存储环境及库存全蛋液质量情况，发现货柜储存温度未达0℃～4℃要求，全蛋液已出现不同程度的酸败情况。综合分析，证实事件发生的原因系货柜老化，导致储存温度没有达到要求，使全蛋液发生酸败。

（四）问题处理

10点20分，调查组将调查结果报告应急领导小组。听取汇报后，应急领导小组作出如下决定：委派质量安全事件应急领导小组成员赵××与超市进行对接，对剩余的158袋产品进行下架并停止销售，对问题产品作出销毁处理。

产品召回：通过电视台发布紧急通告、超市现场挂条幅和超市滚动广播等方式，召回已销售的同追溯码疑似问题产品。

（五）信息发布

向出现问题的××超市通告事故原因，并要求超市加强存储环境管理，定期对货柜制冷系统进行检修，并加装温度异常报警系统，避免类似事件发生。同时，配合监管部门，通过媒体发布整个事件的调查结果，避免引起恐慌。

（六）应急处置总结报告

该事件是由于经销商货柜制冷系统老化故障，致使储存温度没有达到要求，加之存储环境湿度较大，致使全蛋液发生酸败。在这起事件中暴露了产品销售过程监管不到位、责任意识不强，使产品品牌、企业形象受到影响；质量安全体系不够健全，监督措施落实不到位。

六、经验总结

（一）应急演练过程中存在的问题

个别部门存在工作效率低、部门协调性差、程序混乱等

问题。

（二）建议

进一步加强领导，切实提高对应急反应工作的认识。应进一步加强培训，全面提高应急反应工作水平及能力。

11 时 10 分，应急领导小组组长刘××对应急预案演练进行了点评。

11 时 15 分，整个演习结束。

附 录

NY

中华人民共和国农业行业标准

NY/T 3817—2020

农产品质量安全追溯操作规程 蛋与蛋制品

Code of practice for quality and safety traceability of agricultural products—Egg and its processed products

2020-11-12 发布　　　　2021-04-01 实施

中华人民共和国农业农村部 发布

前　言

本标准按照 GB/T 1.1—2009 给出的规则起草。

本标准由中华人民共和国农业农村部提出并归口。

本标准起草单位：中国农垦经济发展中心、中国热带农业科学院南亚热带作物研究所、农业农村部乳品质量监督检验测试中心。

本标准主要起草人：韩学军、张明、张宗城、薛刚、陈杨。

农产品质量安全追溯操作规程　蛋与蛋制品

1　范围

本标准规定了蛋与蛋制品质量安全追溯的术语和定义、要求、追溯码编码、追溯精度、信息采集、信息管理、追溯标识、体系运行自查和质量安全问题处置。

本标准适用于蛋与蛋制品质量安全追溯操作和管理。

2　规范性引用文件

下列文件对于本文件的应用是必不可少的。凡是注日期的引用文件，仅注日期的版本适用于本文件。凡是不注日期的引用文件，其最新版本（包括所有的修改单）适用于本文件。

GB 2749　食品安全国家标准　蛋与蛋制品

NY/T 1761　农产品质量安全追溯操作规程　通则

3　术语和定义

GB 2749 和 NY/T 1761 确立的术语和定义适用于本文件。

4　要求

4.1　追溯目标

建立追溯体系的蛋与蛋制品可通过追溯码追溯到其饲养、加工、流通等环节的质量安全相关信息及责任主体。

4.2　机构和人员

建立追溯体系的生产经营主体应指定机构或人员负责追溯工作的组织、实施、管理，且保持相对稳定。

4.3　设备和软件

建立追溯体系的生产经营主体应配备必要的信息采集、输出、读写等专用设备及相关软件。

4.4　管理制度

建立追溯体系的生产经营主体应制定并组织实施追溯工作管理、追溯信息管理及产品质量控制方案等相关制度。

5 追溯码编码

按 NY/T 1761 的规定执行。二维码内容可由生产经营主体自定义。

6 追溯精度

6.1 鲜蛋

追溯精度宜确定为栋舍或批次。当追溯精度不能确定为栋舍或批次时，可根据生产实际确定为生产者（或生产者组）。

6.2 蛋制品

追溯精度宜以批次为追溯精度。

——同一批次鲜蛋加工生产出若干批次产品时，以鲜蛋批次为追溯精度；

——若干批次鲜蛋加工生产出一个批次产品时，以加工批次为追溯精度。

7 信息采集

7.1 信息采集要求

信息采集应真实、及时、规范。信息应以表格形式记录，表格中不留空项，空项应填“—”；上、下栏信息内容相同时不应填“··”，应填“同上”或具体内容；更改方法不用涂改，应用杠改。上、下环节之间应具有唯一性对接信息。

示例：兽药使用表中列入通用名、生产企业、产品批次号（或生产日期），能与兽药购入表唯一性对接。

7.2 信息采集点设置

应在饲料制造或采购、蛋禽养殖、鲜蛋收购、鲜蛋加工、产品检验、产品包装、产品储运、产品销售等环节设置信息采集点。

7.3 信息采集内容

7.3.1 饲料制造或采购

7.3.1.1 自制饲料

应采集饲料原料和饲料添加剂的通用名、来源、批次号、用量等信息。生产经营主体种植的饲料原料还应采集农药来源、通用名、生产企业、产品批次号（或生产日期）、稀释倍数、施用量、施用方式、使用频率和日期、安全间隔期等施用信息。

7.3.1.2 外购饲料

应采集饲料来源、饲料添加剂来源、通用名、生产企业、生产许可证号、批准文号、产品批次号（或生产日期）、购入日期、保管人等信息。

7.3.2　兽药采购

应采集兽药来源、通用名、生产企业、生产许可证号、批准文号（进口兽药为注册证号）、产品批次号（或生产日期）、休药期、购入日期等信息。

注：疫苗、消毒剂、诊断制品属于兽药，但不记录休药期。

7.3.3　蛋禽养殖

养殖环节除收集包括养殖栋舍或生产者（或生产者组）编号、养殖数量、养殖起止日期、责任人等基本信息外，还应收集以下信息：

——饲料施用信息。名称、产品批次号（或生产日期）、投饲量、施用日期（或施用起止日期）、施用人等。

——兽药使用信息。通用名、产品批次号（或生产日期）、使用量、使用方式、使用日期、休药期、不良反应、使用人等。

——无害化处理信息。病死害蛋禽的无害化处理方式、数量、时间、责任人等。

——其他。养殖用水检验、蛋禽检疫等信息。

7.3.4　鲜蛋收购

鲜蛋来源及批次、收购数量、收购日期、责任人、收购批次等。

7.3.5　鲜蛋加工

加工环节除收集鲜蛋收购批次、鲜蛋检验、加工数量、加工方式及参数、加工批次、责任人等信息外，还应收集以下信息：

——辅料使用信息。食品添加剂应记录来源、购入日期、通用名、生产企业、生产许可证号、批准文号、产品批次号（或生产日期）、使用量、使用时间、责任人等；其他辅料应记录来源、名称、使用量、使用时间、责任人等。

——其他信息。加工用水来源及水质检验信息，清洗、灭菌、喷码等过程与质量安全相关的信息。

7.3.6　产品检验

追溯码、产品标准、检验结果、责任人等。

7.3.7　产品包装

追溯码、包装形式、规格、标签打印日期、标签使用量、责任人等。

7.3.8　产品储运

追溯码、数量、储存温度、储存起止日期、运输车船号、责任人等。

7.3.9　产品销售

追溯码、销售日期、销售量、采购商、责任人等。

8　信息管理

8.1　信息审核及传输

上一环节追溯信息审核无误后，及时传输给下一环节。

8.2　信息存储

纸质记录及其他形式的记录应及时归档，并采取相应的安全措施备份保存。所有信息档案应在生产周期结束后至少保存 2 年。

8.3　信息查询

建立追溯体系的生产经营主体应建立或纳入相应的追溯信息公共查询平台，信息应至少包括生产者、产品、产地、批次（或生产日期）、产品标准、检验结果等内容。

9　追溯标识

按 NY/T 1761 规定执行。

10　体系运行自查

按 NY/T 1761 规定执行。

11　质量安全问题处置

按 NY/T 1761 规定执行。召回产品应按相关规定处理，召回及处置应有记录。